看见孩子

儿童社交、情绪和心理健康的支持与干预

赵 娟 著

经济日報出版社

北京

图书在版编目（CIP）数据

看见孩子：儿童社交、情绪和心理健康的支持与干预／赵娟著. -- 北京：经济日报出版社，2024. 9.

ISBN 978-7-5196-1516-1

Ⅰ. B844. 1

中国国家版本馆 CIP 数据核字第 20248P1J72 号

看见孩子：儿童社交、情绪和心理健康的支持与干预

KANJIAN HAIZI：ERTONG SHEJIAO QINGXU HE XINLI JIANKANG DE ZHICHI YU GANYU

赵　娟　著

出　　版：经济日报出版社

地　　址：北京市西城区白纸坊东街 2 号院 6 号楼 710（邮编 100054）

经　　销：全国新华书店

印　　刷：北京建宏印刷有限公司

开　　本：710mm×1000mm　1/16

印　　张：14

字　　数：222 千字

版　　次：2024 年 9 月第 1 版

印　　次：2024 年 9 月第 1 次

定　　价：69.00 元

本社网址：www. edpbook. com. cn，微信公众号：经济日报出版社

本社法律顾问：北京天驰君泰律师事务所，张杰律师　举报信箱：zhangjie@ tiantailaw. com

举报电话：010-63567684

本书如有印装质量问题，请与本社总编室联系，联系电话：010-63567684

前　言

为贯彻落实《国务院关于实施健康中国行动的意见》要求，促进儿童青少年心理健康和全面素质发展，国家卫生健康委员会印发了《健康中国行动——儿童青少年心理健康行动方案（2019—2022年）》。要求至2022年底，实现《健康中国行动（2019—2030年）》提出的儿童青少年心理健康相关指标的阶段目标，基本建成有利于儿童青少年心理健康的社会环境，形成学校、社区、家庭、媒体、医疗卫生机构等联动的心理健康服务模式，落实儿童青少年心理行为问题和精神障碍的预防干预措施，加强重点人群的心理疏导，为增进儿童青少年健康福祉、共建共享健康中国奠定重要基础①。

人类进入21世纪，科技高速发展，竞争日益激烈，特别是随着人工智能等创新领域的拓展，如何让儿童拥有与时俱进的知识与技能，这是全球教育工作者和家长们面临的共同挑战，尤其是如何拥有无法用量化指标衡量的软实力。从20世纪90年代哈佛大学教授约瑟夫·奈（Joseph S. Nye，Jr）首次提出"软实力"这个概念至今，越来越多的公司开始注重考核员工的辩证思维能力、沟通能力和解决问题能力等无法用证书考核的非技能型能力②。良好的社交与情绪掌握能力便是一种软实力。这也是当下社会部分儿童面临的压力与难题，如果解决不好反过来又会影响社会。具有不良适应行为的儿童在社会生活中可能会遇到更多困难，对儿童社交与情绪能力的培养被视为解决一系列教育难题的关键。儿童接受教育不仅意味着掌握知识、提升智力，同时也意味着培养友善、谨慎、关怀、责任、信任和忠诚等重要品质。

面对儿童在社交、情绪和心理健康等方面存在的问题，1994年，联合国

① 国家卫健委．健康中国行动—儿童青少年心理健康行动方案（2019—2022年），2019.

② 黄兆旦，阿米·德罗尔．养育下一代创新者［M］．上海：复旦大学出版社，2019（4）：6.

教科文组织提出了“全纳教育”的教育理念，其核心内涵是为每位学生提供公平的受教育机会，强调促进所有学生有效参与学习活动。全纳教育理念的提出，让教育界乃至社会将目光聚焦在有特殊教育需要的儿童身上。社交、情绪和心理健康（Social，Emotional and Mental Health，简称 SEMH）需要儿童作为有特殊教育需要且在普通教育环境中普遍存在的儿童群体，他们的社交、情绪与心理健康困难给集体教学和班级管理带来了一定的挑战。他们在普通学校学习参与的程度较低，课堂中多数时间不能有效融入教学活动，面临着对周围环境的适应、人际关系的选择、学习等方面的压力，与教师或与同伴的交流少、合作少、互动质量差。

多数学校和教师无法为他们的学习和发展提供系统的支持。很多情况下是“任之”“由之”。他们的特殊教育需要没有得到满足，一定程度上凸显出教育公平的缺失。这是一个尚未解决、亟待突破的学校教育难题，也是部分家长日日面对又深感无助的问题。

在全纳教育思想的影响和推动下，我们将目光转向普通学校中有社交、情绪和心理健康需要的儿童，在分析其发展现状、探究影响其学校适应困难因素的基础上，通过一系列的举措，尤其是设计与实施支持方案，来寻求其自身特点与教育干预的最佳契合点，探索教育公平问题的解决路径，从而实现此类儿童的适性发展。

目前，此类儿童的甄别与判定均未形成科学、完整的操作规范和流程，无论是教育评估的基础性研究还是应用性研究皆较为薄弱。如何从普通学校情境中早期筛查、识别出他们，需要充分考虑学校情境中的各种因素，采用整体、动态、科学、可靠、可操作的甄别与测定手段。

从生态系统理论视角澄清他们所面临的困难，其形成在家庭，显现在学校，是家庭与学校环境系统中的问题，是“系统中的困难，关系中的问题”，即儿童自身关系、与他人（父母、教师、同伴）的关系，以及他们与课程本身或者任务本身（课程或任务的难易程度、课程教授方式与儿童的学习风格、学习偏好、儿童的感知特点）的关系。这些困难或障碍与一个或多个“关系”的破裂有关，比如亲子关系、师生关系、同伴关系、与活动或任务的关系（任务无法胜任或过于简单）。

丰富普通学校环境中的支持与干预策略，可以使此类儿童更好地适应学校生活和发挥潜能。如果没有及时发现他们，也没有给予适当的教育和干预，他们的问题往往会持续很长时间，随着时间的流逝将需要更多的密集服务和社会资源。

本书分为四个章节，第一章介绍了儿童社交、情绪和心理健康需要的概念及演变、检出率、特征、面临的困难和画像；第二章为儿童社交、情绪和心理健康需要的筛查与评估；第三章分析影响儿童社交、情绪和心理健康的主要因素；第四章为儿童社交、情绪和心理健康的支持与干预，包括教育安置措施、系统改变策略、社会与情绪学习课程的设计与实施，以及典型的案例介绍等。

希望本书能为教师、家长，以及关注此专业领域的人员提供一些参考。

目　录

第一章　儿童社交、情绪和心理健康需要概述

一、儿童社交、情绪和心理健康需要的概念

社交、情绪和心理健康（Social，Emotional and Mental Health，SEMH）需要是一种特殊的教育需要。SEMH 需要儿童在管理他们的情绪和行为方面存在严重的困难。他们对自己的失望、悲伤、生气、沮丧或焦虑等感受难以命名和驯服，很难调节与管理他们的情绪状态，或者对环境、规则和关系的变化高敏感，经常对情境表现出不适当的反应①。

SEMH 需要儿童的一个主要潜在特征是控制生理、注意力、情绪、行为和认知表现的自我调节过程的功能障碍②。此类困难儿童包含了相当多的具有各种障碍的学生群体，如行为障碍、情绪困扰、对立违抗障碍、注意缺陷多动障碍和孤独症谱系障碍。他们面对的问题多种多样，比如学业问题、人际关系问题等，这些问题若普遍且长期存在，会导致不利前景。

---

① Sarah Johnson. All about SEMH：a practical guide for primary teachers［M］. New York：Routledge，2024：12-13.

② Calkins，S. Regulatory competence and early disruptive behavior problems：the role of physiological regulation［J］. Biopsychosocial regulatory processes in the development of childhood behavioral disorders，2009：86-115.

图 1.1　有 SEMH 需要的儿童群体

二、SEMH 需要儿童概念的演变

19 世纪末，在英国和美国，此类儿童被认为是“精神缺陷者、道德低能者或未成年人犯罪”。在当今社会，这种说法被认为是冒犯性的。1944 年的英国教育法引入一个总括术语——“失调”，直到 1953 年，在《学校卫生服务和残疾学生条例》中，“失调”的一类儿童才在法律上被定义为“……表现出情绪不稳定或心理障碍，需要特殊教育治疗以实现其个人、社会或教育调整”。两年后的 1955 年，Underwood Committee 希望澄清术语的模糊性，建议“失调的儿童有神经紧张习惯、器质性或精神病障碍或教育和职业困难”①。

被贴上“失调”标签的儿童可能被描述为“破坏性”“不满”“社会剥夺”或“精神病”，1981 年的英国教育法废除了这一术语。直到 1994 年，英国第 9 号政府文件中给出了另一个定义，“患有情绪行为困难（Emotional and Behavior Difficult，EBD）的儿童处于一个连续体上”，他们的问题比单纯的调皮或喜怒无常更清楚、更严重，但还没有严重到被归类为精神疾病的程度。他们的问题范围从“社会适应不良到异常情绪压力”，它们持续存在并构成学习困难。同样在 1994 年，英国政府推出了第一个特殊教育需求实践守则，该守则提供了一个较短的定义：患有情绪行为困难的年轻人有学习困难，他们在学校可能达不到期望，在某些情况但绝不是所有情况下，他们可能扰乱其

① Visser，J. A study of children and young people who present challenging behavior ［M］. University of Birmingham：OFSTED，2003：10.

他人的教育。情绪和行为困难是一个结果。例如，虐待或忽视、身体或精神疾病、身体损伤或心理创伤可能导致情绪情感和行为困难。在某些情况下，情绪和行为上的困难可能是由学校环境中的因素引起或加剧的，它们也可能与学习困难有关。情绪和行为上的困难可能以多种形式表现出来，包括孤僻、抑郁或自杀；对饮食习惯的强迫性关注；学校恐惧症；物质误用；破坏性，反社会和不合作行为；沮丧、愤怒和暴力威胁或实际暴力。1999 年，英国教育标准办公室（OFSTED）出版了《实施原则》，采用社会建构主义的观点，"学校需要关注其组织、课程和支持系统，以改善情绪行为困难儿童与其环境之间的关系"，教育标准办公室也担心"把患有情绪行为困难的孩子放在一所特殊学校里，可能会提供过多的不适当的榜样，从而加剧困难"。2001 年，英国《特殊教育需要实务守则》中定义了更广泛的行为情绪和社交困难（Behavior，Emotional and Social Difficulties，BESD），"表现出情绪和行为困难特征的儿童和年轻人，他们孤僻或孤立、破坏性和令人不安，多动和缺乏注意力，社交技能不成熟，表现出挑战性行为，其挑战性行为来自其他复杂的特殊需要"。BESD 过度关注儿童外化行为，而不是潜在的困难①。

以上定义都被认为是模糊不清的，EBD、BESD 这些词并不代表现实中存在的任何东西，可以看作是一个社会建构的标签，履行着社会功能。

2014 年，英国政府实施了《儿童和家庭法》，制定了一项新的《特殊教育需要和残疾实务守则》，随后修订为《特殊教育需要和残疾实务守则》（2015），取代了《特殊教育需要实务守则》（2001）。2015 年的《特殊教育需要和残疾实务守则》将特殊教育需要扩展至 25 岁，《特殊教育需要和残疾实务守则》（2014）和修订后的《特殊教育需要和残疾实务守则》（2015）所描述的特殊教育需要的术语保持不变，然而，对具体的需求进行了修订；行为、情绪、社交困难（BESD）已被消除，取而代之的是社交、情绪和心理健康（Social，Emotional and Mental Health，SEMH）需要，社交和情绪情感是其优

① Sarah johason. All about SEMH：a practical guide for primary teachers［M］. New York：Routledge，2024：8.

先需要，行为困难被视为未被满足的社交、情绪情感需要的症状①。

三、SEMH 需要儿童的检出率

据英国最近的数据估计，大约有 15 万名普通学校和特殊学校的儿童面临着不同程度的 SEMH 需要。研究人员运用评估工具 The Boxall Profile 在 25 所英国小学开展全校或全年级组评估，共有 6810 名儿童参与（48.5%女童和 51.5%男童），结果显示 36%的儿童有 SEMH 需要，其中 10%的儿童有高水平的 SEMH 需要，26%的儿童经历着中等程度的 SEMH 需要。在 30 人的班级里，19 名儿童没有明显的 SEMH 需要，8 名儿童有中等程度的 SEMH 需要，3 名儿童有高水平的 SEMH 需要（普遍来说，一名女童和两名男童）②。

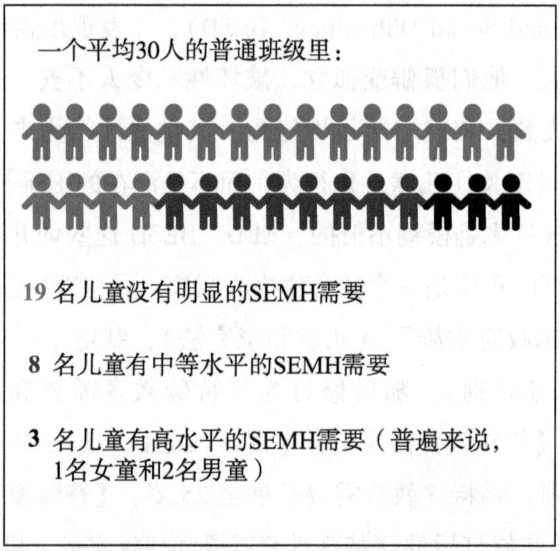

图 1.2　一个 30 人的普通班级里 SEMH 需要儿童所占比例

① Alan Charles Price. Action research in outdoor learning：promoting social and emotional learning in young people with social emotional and behavioral difficulties［D］, Birmingham：the school of education university of Birmingham，2016：24-29.

② Sarah johason. All about SEMH：a practical guide for primary teachers［M］. New York：Routledge，2024：8.

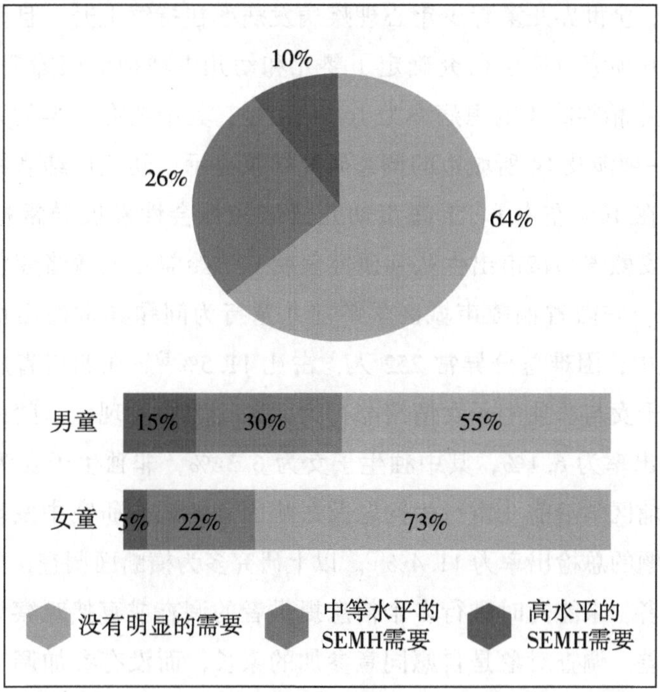

图 1.3　普通小学 SEMH 需要儿童所占比例及性别上的差异

对 SEMH 需要儿童数量的估计差异很大，评估方法不同，所得到的比例也会有差异。美国的研究人员 Cullinan 与 Epstein 用“三分之一法则”描述了行为障碍的出现率，也就是在任一学年中，大约有 33%的儿童会发生让教师关心的行为问题；在这些儿童中，有三分之一的儿童（或学龄儿童的 10%）的行为需要接受普通教室以外的学校人员对其进行干预和帮助；在这些需要干预的儿童（大约学龄儿童的 3%）中，有三分之一由于有严重行为问题而需要接受特殊教育。纵览情绪与行为障碍出现率的研究，Koyanagi 和 Gaines 认为，有 3%—5%的儿童由于有情绪与行为障碍问题而需要干预；估计 1%—7%的学生有行为上的慢性问题而需要深入细致的、个人的干预与支持①。专家们认为较为精确的情绪与行为障碍的检出率应该是在校人数的 3%—6%②。

---

① William L Heward. 特殊需要儿童教育导论［M］. 肖非，等，译. 北京：中国轻工业出版社，2007：206.

② 路得·特恩布尔，安·特恩布尔，玛里琳·尚克，等. 今日学校中的特殊教育（上册）［M］. 方俊明，汪海萍，等，译. 上海：华东师范大学出版社，2004：223.

近年来，全世界儿童青少年心理疾病发病率在持续上升，且呈现低龄化倾向。中国几项流行病学研究确定了婴儿和幼儿中精神健康障碍的患病率，1—5 岁儿童中精神障碍的患病率为 16%—18%，其中约有一半的儿童受到严重影响①。一项涉及 14 所城市的调查研究结果显示，幼儿情绪和社会性发展异常检出率在 10%左右②。上海市幼儿情绪和社会性发展异常检出率高达 24. 44%③。安徽省马鞍市出生队列研究表明，学龄前儿童情绪症状异常检出率为 6. 3%④。安徽省铜陵市城区学龄前儿童行为问题异常检出情况为：在 2184 名儿童中，困难总分异常 252 人，占比 11. 5%⑤。在四川省成都市学龄前儿童独生子女与非独生子女情绪与行为问题比较中发现，学龄前儿童困难总分异常检出率为 6. 1%，其中独生子女为 6. 34%，非独生子女为 5. 84%⑥。在广州市黄埔区学龄前儿童行为问题及影响因素的调查研究中发现，学龄前儿童行为问题的总检出率为 11. 4%⑦。以上研究多为横断面调查，父母是唯一的信息来源者，未能同时进行多个信息提供者的调查或直接观察评估，可能存在信息偏差。调查对象是自愿同意参加的家长，而没有参加调查的那部分人群行为问题流行状况如何还需要研究⑧。

据国家卫生健康委员会最近的一份统计表明，我国 17 岁以下的儿童青少年中，有约 3000 万人受到各种情绪障碍和行为问题的困扰。一项基于上海市 3 家医院（上海交通大学医学院附属新华医院、上海市精神卫生中心、上海

① Von Klitzing K, Dohner M, Kroll M, *et al*. Mental disorders in early childhood [J]. Deutsches Arzteblatt Int, 2015 (112): 375-386.

② 刘国艳，王惠珊，张建端，等．中国幼儿社会性和情绪发展及影响因素［J］. 中国行为医学科学，2008，17（3）：248-251.

③ 张媛媛，金星明，陈津津，等．上海城市家庭养育环境与幼儿情绪和社会性发展的相关性研究［J］. 教育生物学杂志，2020，8（1）：36-42.

④ 陶慧慧，邵婷，倪玲玲，等．母亲孕期情绪症状与学龄前儿童情绪和行为问题关系的出生队列研究［J］. 中华预防医学杂志，2016，50（2）：129-135.

⑤ 汤银霞．铜陵市城区学龄前儿童行为问题及影响因素调查分析［J］. 中国妇幼保健，2015，30（18）：3038-3040.

⑥ 任妍，朱帝玲，叶丽雯，等．成都市学龄前独生子女与非独生子女情绪与行为问题比较［J］. 中国学校卫生，2023，44（5）：733-737.

⑦ 胡敏，静进，金宇，等．广州市黄埔区学龄前儿童行为问题及影响因素的横断面调查［J］. 中国循证儿科杂志，2012，7（1）：11-18.

⑧ 胡敏，静进，金宇，等．广州市黄埔区学龄前儿童行为问题及影响因素的横断面调查［J］. 中国循证儿科杂志，2012，7（1）：11-18.

市儿童医院）就诊的心理疾病病例的调查结果显示，一方面从2013年至2017年累积就诊人数逐年递增，到2020年上海市青少年心理健康疾病累积就诊人数仍呈上升趋势，较2017年就诊人数增长约50%；另一方面，心理健康疾病启蒙期（7—10岁）年龄组累积就诊人数构成比最高，逆反期（11—14岁）次之[①]。

值得引起注意的是，普通学校的教师首先关注到的是行为外倾的儿童，比如他们多动、冲动、暴躁、易怒、易激惹、情绪不稳定、行为控制能力弱、干扰课堂或同伴、容易分心、破坏规则、有暴力倾向、学业不良等；对于儿童内倾型问题，教师往往不易发现，比如社交退缩、沉默寡言、缺乏同情他人的能力、焦虑、自我评价较低、负性自动思维等。有普通学校的教师这样反馈——“老师们更多的是关注学生的成绩。有些学生学习成绩还可以，老师忽略了他们的其他问题，平时比较关注学习有问题、行为不好的学生。老师们也觉得不能只关注学生的课堂表现，在课堂上那些表现很乖的孩子，看起来挺好的孩子，也许隐藏了自己的困难，更需要老师去关注与了解，但是老师们对心理学不专业，发现不了学生那么多的心理需要”。有内倾型问题的儿童，往往不易被发现，有可能导致检出率低于实际数量的情况出现。

四、SEMH需要儿童的特征

（一）SEMH需要儿童的生理成因

遗传。在美国，30%的孤独症是由明确的基因导致的。在被诊断为阿斯伯格综合征（孤独症谱系）的儿童中，其亲属中也有被诊断为阿斯伯格综合征的情况，且有46%的直系亲属（父母、兄弟姐妹或子女）会有相似的行为或能力表现[②]。学习障碍与注意力欠缺多动障碍产生的背景受到某种遗传因素的影响，可确信因为遗传物质的存在，儿童和父母脑功能的特征可能存在某

① 薛云云，肖煜吟，付航，袁素维，姚瑶．青少年心理健康现状及改善对策——基于上海市3家医院的调查结果［J］．中国卫生政策研究，2019，12（2）：65-69.

② 托尼·阿特维德．阿斯伯格综合征完全指南［M］．燕原，冯斌，译．北京：华夏出版社，2012：12.

种相似性。临床上，也经常能听到父母说自己小时候也有同样的行为倾向①。《遗传与环境对儿童青少年情绪与行为问题的影响》用《长处与困难问卷 SDQ（父母版）》评定 156 对 6—18 岁双生子的情绪与行为问题，发现遗传对多动、注意缺陷的影响较大②。一些情绪与行为障碍的形式与基因相关联，最能支持这一观点的障碍类型就是精神分裂症—— 一种以幻听、误认、对迫害的无端恐惧感、语言障碍为特征的严重衰弱的心理疾病的形式。精神分裂症患者的亲属有患此病的风险，亲属关系越密切，此风险的可能性就越大③。

气质。一些研究者认为，所有儿童自出生就带有由生物性而决定的气质。随和或积极的气质是与对压力的承受性相关联的，而儿童的坏脾气则能增加其青春期行为问题产生的可能性。儿童内在气质不一定能导致一种行为问题，但它会使其有那种行为的倾向，某些事件不一定会使一个有着随和气质的儿童产生异常行为，但却能够使一个坏脾气的儿童产生障碍行为④。更积极、性格更温和的儿童能更好地与同伴相处。情绪不稳定、很难控制情绪的儿童，他们的同伴关系会更糟糕，非常孤僻的儿童也是如此。儿童的气质可能会影响他们对他人的反应，以及父母或同龄人对他们的反应。性格强势的儿童、性情随和的儿童、害羞和焦虑的儿童，都会表现出不同的反应方式，也会相应地引发他人的不同反应⑤。而他人的反应又会反过来影响儿童的行为表现和心理状态。

睡眠问题。一项调查显示，儿童和青少年的 SEMH 需要与睡眠模式不良密切相关。夜间睡眠时间和睡眠质量差对学龄前儿童情绪和行为问题产生负

① 上野一彦．学习障碍与注意力欠缺多动性障碍［M］．达庆红，译．南京：南京大学出版社，2017：61.

② 胡小梅，马兴顺，傅一笑，等．遗传与环境对儿童青少年情绪与行为问题的影响［J］．中国神经精神疾病杂志，2013，（12）：739-743.

③ William L Heward. 特殊需要儿童教育导论［M］．肖非，等，译．北京：中国轻工业出版社，2007：207.

④ William L Heward. 特殊需要儿童教育导论［M］．肖非，等，译．北京：中国轻工业出版社，2007：207.

⑤ 格雷厄姆·穆西奇．养育与天性——儿童的依恋、情绪、大脑和社会性发展（第二版）［M］．李凌，孙璐，译．北京：中国轻工业出版社，2023：239.

面影响①。

在一项针对 635 名 6—8 岁儿童的调查中，15%有行为问题的儿童存在睡眠问题。此外，特定的睡眠特征与行为和情绪的不同方面也有联系。具体来说，多动症与睡眠中的辗转反侧和睡眠行走有关；品行问题和睡前抵抗有关；情绪症状与夜惊、入睡困难和白天嗜睡有关。同伴问题与总睡眠时间的缩短有关。睡眠障碍会对家庭功能、父母关系和儿童发展、学业成绩产生不利影响。睡眠问题可能是双相情绪障碍的早期症状。睡眠问题与一系列严重的结果有关，包括难以调节白天的情绪和认知功能②。儿童缺眠的坏处比大人严重千百倍，缺眠影响学业表现、情绪稳定、肥胖、过动，造成性格问题、心情不好、消沉、暴饮暴食等。与夜间睡眠时间较长、睡眠质量好的儿童相比，夜间睡眠时间短、睡眠质量较差的儿童发生情绪症状、品行问题、多动、同伴交往、亲社会行为异常的风险较高。

不健康的饮食。营养与偏差行为有关系。孕妇贫血可能改变儿童的大脑发育，怀孕期间贫血可能会增加妇女生育智力残疾、孤独症或注意力缺陷多动障碍儿童的机会。孕期摄入可卡因会通过血液循环影响到胎儿的正常生长和发育，并对儿童的健康和成长造成深远影响。孕期吸食可卡因可导致儿童出现多种问题行为，如注意力不集中、吸毒等③。怀孕初期是胎儿大脑发展的时候，营养不足会使大脑发育不良，尤其前额叶皮质是掌管注意力、情绪调配和行为抑制的地方。大脑功能的不正常会使他们倾向于冲动型暴力犯罪。在位于印度洋的莫里西斯岛，研究者对 1559 名 3 岁幼儿进行了 20 年的追踪，看有营养辅助的和没有营养辅助的幼儿长大后犯罪的几率，结果发现这两组儿童在攻击性、过动、行为障碍上有显著不同。其中一个实验是给 100 名幼儿园小朋友喝挪威提供的 Omega-3 饮料，另外一组也喝同样包装的饮料，但是不含 Omega-3。6 个月及一年之后，评估他们的攻击性，结果发现 Omega-3

① 陈云晓，Erigene Rutayisire，伍晓艳等．学龄前儿童睡眠状况与情绪和行为问题的关联性研究［J］.中华流行病学杂志，2017，38（9）：1191-1196.

② Zhang J，Lu N，Zhang J. A Review of the relationship between social，emotional and behavioral difficulties（SEBD）and the sleep disturbance［J］. Sleep Medicine，2013，14（1）：314-315.

③ 郭静芳，张静平．孕期摄入可卡因对儿童期问题行为的影响［J］.广东医学，2014，35（4）：623-626.

组暴力有显著降低，且一年后依然有效果。Omega-3 可以强化大脑，尤其是前扣带回的结构和功能，保护细胞不死亡，并使树状突分叉变密，神经细胞变大①。环境中的雌激素、内分泌干扰物也对儿童的身心健康带来了不良影响。瓶装水、瓶装汽水、瓶装饮料、外卖包装盒等塑料制品中含有邻苯二甲酸酯、丙二酚，这些内分泌干扰物会损害大脑系统，引起注意力缺陷多动症。怀孕妇女的血液中有高浓度的丙二酚，会生产有学习障碍的下一代②。以糖和麸质为主的碳水化合物正在慢慢摧毁大脑的功能和长期健康，以会引发炎症的碳水化合物为主并且所含的健康脂肪不足的饮食会对大脑造成多重影响——不仅是在患痴呆症方面的影响，而且会导致患上常见的神经系统疾病的风险增加，比如注意缺陷多动障碍、焦虑症、妥瑞氏症、精神疾病、偏头疼甚至孤独症③。

一些儿童存在身体组织障碍，有较低的运动协调水平，特别容易久坐，造成肥胖。在面对新的体育活动时会感到恐惧，很难参与活动，继而影响他们参与正常的学习活动和进行正常的人际交往。

有语言困难的儿童有更大的风险。研究以 352 名 12 岁的低文化程度及低语言表现的学生为研究对象，对其进行《优势和困难问卷 SDQ》评估，发现与一般同龄儿童的发展相比，学习和语言水平低的学生更容易出现 SEMH 需要④。

感知觉失调。美国著名的感觉统合研究学者 Lucy Miller 指出，感觉统合障碍的发生率在 5%~15%。孤独症儿童、多动症儿童等特殊教育需要儿童中普遍存在感知觉失调的问题，比如触觉防御、听觉过敏、味觉过敏、嗅觉过敏、本体觉或前庭功能失调等，这些问题会导致儿童过动、容易分心，无法安静下来专心做事，在情绪和行为上产生困扰，易怒、紧张、固执、难以调

---

① 洪兰 . 从大脑看人生 [M]. 台北：远见天下文化出版社，2018：35-36.

② 洪兰 . 浮萍男孩——发现男生缺乏动机的因素，再造独立负责的男儿本色 [M]. 台北：远流出版社，2008：158-159.

③ 戴维 · 珀尔玛特，克里斯廷 · 洛伯格 . 谷物大脑 [M]. 温旻，译 . 北京：机械工业出版社，2020：114.

④ Victoria L Joffe，Emma Black. Social，emotional，and behavioral functioning of secondary school students with low academic and language performance：perspectives from students，teachers，and parents [J]. Language，Speech，and Hearing Services in Schools，2012 (43)：461-473.

节情绪，面对新情境时适应困难、冲动、缺乏自制力、不守规范，带来人际互动上的困扰①。

执行功能发展不足。执行功能是一系列高级认知功能的总称，包括计划、工作记忆、注意、抑制控制、自我监控及自我调节等。执行功能主要体现了大脑前额叶的功能，以及前额叶与其他脑区活动的交互。前额叶是大脑最晚成熟的部分，一直到成年期（30 岁）才能达到成熟水平。普通儿童在 8 岁就能“启动”自己的执行功能，在决定该做什么或说什么之前，抑制冲动并仔细思考。早期的临床研究表明，很多额叶受损的个体，出现了不同程度的执行功能控制障碍，如行为抑制不能、情绪暴躁、易怒，以及注意系统障碍等。从神经心理学角度讲，前额叶受损与攻击行为的发生存在关联，个体的前额叶皮层受损会导致其攻击和反社会行为发生的比率增加②。注意力缺陷多动症儿童和孤独症儿童存在执行功能的缺陷，在理解和处理复杂社会信息的过程中存在很大的困难，他们不能做出行为计划，不能控制自己的言行，也不关心自己行为的后果。执行控制与情绪调节有两个完整的证据支持：其一，实验证据表明注意力控制和反应抑制这两种主要的执行控制能力，在整个儿童期、青少年期、成年早期被认为是情绪调节的关键。执行控制能力允许个体运用策略（比如转移注意力、正念减压、重新评估）以激活情绪反应的向上或向下调节；其二，认知神经科学研究表明，参与注意力控制和反应抑制的执行过程的神经解剖学区域与参与情绪处理和调节的区域重叠③。执行功能发展不完善，可能导致青少年出现更多的冲动、攻击性行为，情绪不稳定，情绪调节能力差，易激惹。执行功能受损，影响儿童人格发展和社会行为发展，这些症状类似精神病态，对他人冷酷无情，道德推理能力显著差于同龄儿童，出现违规、违法行为④。

---

① 卡洛尔·斯多克·克朗诺威兹．帮孩子找到缺失的“感觉拼图”［M］．周常，译．北京：中国发展出版社．2017：18-32.

② Brower MC，Price BH. Neuropsychiatry of frontal lobe dysfunction in violent and criminal behavior：a critical review［J］. Journal of Neurosurg Psychiatry，2001，71（6）：720-726.

③ Mark A Lott，Chad D Jensen. Executive control mediates the association between aerobic fitness and e-motion regulation in preadolescent children［J］. Journal of Pediatric Psychology，2017，42（2）：162-173.

④ Anderson S W，Bechara A，Damasio H，*et al.* Impairment of social and moral behavior related to ear-ly damage in human prefrontal cortex［J］. Nature Neuroscience，1999，2（11）：1032.

月龄偏小。许多年来，儿童发展研究者讨论了儿童对学校的准备程度是决定学校成功的一个重要因素。与年龄较小者相比，年龄较大的入学者在阅读和数学方面有更好的学习成绩①。延迟一年进入幼儿园可显著提高在幼儿园的适应力。在学校的头两年里，推迟入学有相当大的益处，尤其对高危儿童，如贫困儿童、残障儿童和男孩的好处往往更大，且在阅读测试中更为明显②。美国的一项关于多动症与入学月份之关系的研究发现，学龄儿童中出生月龄靠后的儿童可能比他们的同龄人更容易接受注意力缺陷多动症的诊断和治疗，虽然他们在人口统计学特征和临床特征上并没有多少差异③。

（二）SEMH 需要儿童的心理特征

负性自动思维与消极的应付方式。《情绪障碍儿童的自动思维及应付方式特征》采用对照研究，把 32 例符合《中国精神障碍分类与诊断标准》第 3 版中儿童情绪障碍诊断标准的儿童作为研究组，并随机选取与情绪障碍儿童同年龄、同性别的正常儿童 32 名为对照组。采用自动思维问卷和应付方式问卷对两组儿童进行测评。结果发现，情绪障碍儿童自动思维问卷高于对照组；情绪行为障碍儿童应付方式问卷中，自责因子分高于对照组，求助、合理化、解决问题因子分低于对照组。结论得出情绪障碍儿童存在负性自动思维和消极的应付方式④。

自我意识偏低。对立违抗性障碍儿童存在广泛的行为问题，社交能力差；自我意识普遍性降低；且行为问题和自我意识具有相关性⑤。注意力缺陷多动障碍儿童自我意识发展不良，自我意识低下，而其自我意识低下与父母的养育方式不当相关。注意力缺陷多动障碍儿童的父母在理解及温暖的情感养育儿童方面得分明显低于正常组。注意力缺陷多动障碍儿童的父亲更多拒绝和

---

① 赵娟．超前教育可能会引起脑功能失调．教育家，2019（11）：62-63.

② Ashlesha Datar. “Does delaying kingdergarten entrance give children a head strart?” [J]. Economics of Education Review，2006（25）：43-62.

③ Timothy J Layton，Michael L Barnett，Tanner R Hicks. Attention deficit-hyperactivity disorder and month of Sschool enrollment [J]. The New England Journal of Medicine，2018，29，379（22）：2122-2130.

④ 杨莉，张轶杰，雷杰鹏，等．情绪障碍儿童的自动思维及应付方式特征 [J]. 中国卫生产业，2012（11）：117.

⑤ 陈雷音，罗学荣，韦甄，等．对立违抗性障碍儿童和自我意识的相关研究 [J]. 中南大学学报（医学版），2011，36（3）：217-222.

否定患儿，母亲则更多严厉惩罚患儿[①]。与正常儿童相比，注意力缺陷多动障碍儿童自我意识普遍偏低、对自身的评价，以及对行为、智力、焦虑、合群、幸福与满足等自我评价过低[②]。《儿童情绪障碍患者自我意识及父母教养方式研究》选用150例在医院接受心理咨询和治疗的儿童青少年情绪障碍患者，对其进行儿童自我意识量表（PHCSS）、父母教养方式调查，通过与正常组150例儿童的对照，发现儿童青少年情绪障碍的自我意识水平较低，行为问题突出[③]。

低自尊在SEMH需要的儿童群体中是较为普遍的现象。利物浦大学教育心理学荣誉教师、教育心理学家Jeremy Swinson在对35名SEMH需要的学生写的35份声明分析中发现，有34份声明把自尊作为一个特殊需要的领域[④]。

自我控制能力较弱。研究发现自我控制可以直接预测青少年的情绪行为问题，还会通过表达积极情绪效能感和管理消极情绪效能感间接发挥作用。自我控制能够负向预测青少年的适应困难，包括情绪症状、多动障碍、同伴关系和品行问题。自我控制可正向预测青少年的亲社会行为[⑤]。

人格特质与SEMH关系密切。《问题学生情绪行为特点及其与人格的关系》研究以332名问题学生作为调查对象，采用《长处和困难问卷（学生版）》和《中国大五人格问卷（简式版）》进行测查。结果发现问题学生在情绪症状、多动注意障碍、品行问题上的异常率分别为37.9%、37.9%和23.5%；情绪症状上，男生低于女生；品行问题上，来自农村的男生得分高于来自农村的女生；困难总分上，再婚家庭学生得分高于完整家庭学生。问题学生的情绪行为与人格存在相关：神经质（包括焦虑、敌意和脆弱性等）和宜人性（包括信任、坦诚和利他性等）对困难总分具有显著的预测作用，严谨性（包

---

① 陈敏榕，薛漳．注意力缺陷多动障碍儿童与父母养育方式与自我意识特征研究［J］．中国儿童保健杂志，2011（10）：935-938.

② 邹华，陈娟，衡中玉，匡桂芳．青岛注意缺陷多动障碍儿童自我意识分析［J］．中国学校卫生，2014，35（6）：896-897.

③ 郑广恩．儿童情绪障碍患者自我意识及父母教养方式研究［J］．慢性病学杂志，2016（10）：1112-1114.

④ Jeremy Swinson. The self-esteem of pupils in schools for pupils with social, emotional and behavioral difficulties: myth and reality［J］. British Journal of Special Education，2008，35（3）：165-172.

⑤ 王玉洁，窦凯，高涛．青少年自我控制与情绪行为问题的相关性［J］．中国学校卫生，2017，38（2）：294-297.

括胜任感、责任心和自律性等）和外向性（乐群性、热情性和活跃性等）对亲社会行为具有显著的预测作用[①]。

SEMH 需要儿童的心理特征还包含——认知不协调：认知过程与内容的不协调，包括思维缺失和认知偏差；认知成分与认知方式不协调；认知、情感、意志行为三者的不协调。负性情感反应强烈，心理冲突过强，自我中心倾向明显，缺乏调节和控制自己思想感情、举止行为的能力，克服困难的勇气不足，调节能力弱，解决问题的策略单一。

（三）SEMH 需要儿童的行为特征

一般来说，他们有一种或兼有以下两种特征：内倾型行为和外倾型行为。

外倾型行为：常常表现出固执、好斗、爱挑衅、动作化和不顺从的行为特征，经常被描述为对抗挑衅型行为障碍，比如"很容易受挫折""很容易表现出骂骂咧咧的样子""有时表现得像个天使，有时表现又大相径庭""简直无法静静地坐着"。

内倾型行为表现包括：社会性退缩，沮丧，焦虑，比较少的表现出困扰和强制性行为。很多有内倾型行为表现的儿童，因为没有扰乱课堂秩序的行为表现，往往不会引起教育者的关注[②]。

（四）SEMH 需要儿童的社会行为特征

他们在两种社会关系上存在困难：师生关系的协调和同伴关系的协调。有外倾行为特征的儿童在遵从班级制定的规章制度、集中注意力学习、完成作业、遵守课堂纪律方面表现困难。而他们的表现困难，反过来又影响了他们与教师和同伴之间的关系。有内倾行为倾向的儿童，经常表现出退缩和消极的行为，他们逃避与老师和同伴之间的人际交往，甚至可能从教室里"消

---

① 唐立，周雪，赵艳．问题学生情绪行为特点及其与人格的关系［J］．教育导刊，2016（1）：44-47.

② 路得·特恩布尔，安·特恩布尔，玛里琳·尚克，等．今日学校中的特殊教育［M］．方俊明，汪海萍，等，译．上海：华东师范大学出版社，2004：213-214.

失”掉①。他们缺乏向别人表示同情的能力②，把一个人的面部表情和他的内心情绪变化联想起来的能力非常有限③。这势必会阻碍同伴友谊的建立与发展。有内倾行为倾向的儿童，由于缺乏发展和保持友谊的社会交往技能，通常在学校的社会地位较低，不经常参与同伴之间的活动④。他们的社会交往技能比较弱，常常成为别人嘲笑和欺负的对象。

五、SEMH 需要儿童所面临的困难

他们面临着各种各样的问题，这些问题严重、普遍且长期存在，会导致未来生活的不利前景⑤。

大多数 SEMH 需要儿童表现出内倾型和外倾型的行为问题，如对外在的破坏性，威胁到他人或自己的安全和个人的福祉；社会功能问题，如同伴和成人关系中的障碍；与任务相关的行为和学业表现受损，如成绩分数较低，出现不同程度的缺勤，上学时参与度有限，在学习方面缺乏自尊心和信心。

他们经常以非合作或对立行为的形式出现在课堂上，威胁到老师的控制感和让学生参与学习的感觉，并挑战老师的能力，需要老师具有极大的耐心和容忍度。

他们很少会被认为能在学业上获得成功，他们需要更多的帮助，需要教师投入更多的时间来管理，结果遭到同龄人的拒绝。如果其行为具有破坏性并影响到同伴的话，会被同龄人彻底拒绝。他们通常不具备同龄人最渴望的

① 路得·特恩布尔，安·特恩布尔，玛里琳·尚克，等．今日学校中的特殊教育［M］．方俊明，汪海萍，等，译．上海：华东师范大学出版社，2004：214.

② Schonert-Reichl KA. Empathy and social relationships in adolescents with behavior disorders ［J］. Behavioral Disorders，1993，18（3）：189-204.

③ Walker D W，Leister C. Recognition of facial affect cues by adolescents with emotional and behavioral disorders ［J］. Behavioral Disorders，1994，19（4），269-276.

④ Walker H M，Bullis M. Behavior disorders and the social context of regular class integration：A conceptual dilemma? ［M］.// J. W. Lloyd，N. N. Singh，A. C. Repp（Eds），The Regular Education Initiative：Alternative perspectives on concepts，issues，and models. Sycamore. IL：Sycamore，1991：75-93.

⑤ Inge Zweers，Jan O Bijstra. Which school for whom? placement choices for inclusion or exclusion of dutch students with social，emotional，and behavioral difficulties in primary education school ［J］. School Psychology Review，2019，48（1）：46-47.

特质，容易受到欺凌，经常面临被“边缘化”的风险①。

学术问题通常是他们表现出的行为问题的核心，并且与许多特定技能有关②。他们在阅读、写作和数学方面表现出学术缺陷③。此外，一些儿童在处理速度上有缺陷④和临床语言上的缺陷⑤。无法成功完成学习任务，并试图避免那些令其反感的任务，他们上课经常迟到、逃学从而逃避学术学习。他们也可能在没有促进学术学习所必需的社交行为技能的情况下进入学校，比如欠缺遵循指示、听别人说话、合作的能力，通常会争论不休，与同龄人或成年人相处不融洽。一旦落后，他们很可能会继续表现出具有挑战性行为，从而避免越来越厌恶的学术任务，并且将继续落后。

他们易出现集体教育环境中的适应不良。主要表现在情绪、行为和生理功能三个方面，可单一存在，也可同时存在。情绪情感方面出现焦虑、抑郁、强迫、恐惧、厌烦等。行为方面出现社会退缩，游离于团体之外；能力抑制，无法正常发挥既有能力；品行问题，如说谎、逃学、网络游戏成瘾；行为退行，即行为表现似更小的孩童。生理功能表现为头痛、腹痛、呕吐、心悸、入睡困难等。适应不良不仅会影响其在学校的求学之路，关系到其今后的可持续发展和终身学习，而且对其步入社会后的人际交往、情绪情感、职业发展有潜在的重要影响⑥。

他们易被“标签化”。SEMH 需要儿童经常被以下这些词汇所描述：

---

① John Visser，Rachel Dubsky. Peer attitudes to SEBD in a secondary mainstream school［J］. Emotional and Behavioral Difficulties，2009，12，14（4）：315-324.

② Landrum T J. Emotional and behavioral disorders［M］. Handbook of special education，2011：209-220.

③ Lane K L. Academic instruction and tutoring interventions for students with emotional and behavioral disorders：1990 to present［M］. Handbook of research in emotional and behavioral disorders，2004：462-486.

④ Benner G J，Allor J H，Mooney P. An investigation of the academic processing speed of students with emotional and behavioral disorders served in public school settings［J］. Education and Treatment of Children，2008（31）：307-332.

⑤ Nelson J R，Benner G J，Cheney D. An investigation of the language skills of students with emotional disturbance served in public school settings［J］. Journal of Special Education，2005，39：97-105.

⑥ 庄桠南．农村小学一年级学生学校适应问题研究［D］. 西南大学，2011.

空想家

懒惰的 奇怪的 古怪的 喜欢操纵他人的

过度活跃的 大胆的 害羞的

哭泣的婴孩 轻率的 恶毒的 破坏性的 敏感的

淘气的 坐立不安的 烦躁的 焦虑的 盛气凌人的 情绪化的

多话的 好斗的 无理的 过分自信的 易怒的 专横霸道的 咄咄逼人的

神经兮兮的 紧张的……

这些词语和“标签”会给他们带来无形的影响与压力，可能会进一步加重他们在社交、情绪和心理健康方面的困难。

六、SEMH 需要儿童的画像

案例一：吃快餐长大的小 D

小 D（化名），男，9 岁，独生子女，普通小学二年级学生。父母是动画设计师，有独立公司，工作繁忙，无暇照顾他。在幼儿时期，他白天在幼儿园上学，放学后辗转于各种兴趣班。从幼儿园时期到小学二年级，他的晚餐均为外卖，家里大部分时间是不做饭的。在幼儿时期，他就没有规则意识，不听从老师的指令，四处跑动。父母很少陪伴孩子，父母的观念是让他独立，尽量不要麻烦父母。当小 D 主动想和父母沟通交流时，父母往往没有耐心，要么工作繁忙，要么身体不适，比如头痛，不想听他诉说，亲子之间互动少、情感联结弱。小 D 妈妈在回顾自己的童年时说：“我小的时候，父母经常教导我要尽量独立、靠自己、不麻烦别人，我难道错了吗？我的父母也是这样对我的。”

在音乐课和体育课上，老师观察了小 D。课堂参与度较低，他一直在做与学习无关的事情。他的社交需求比较强烈，音乐课上喜欢和同伴互动交流，违反课堂规则，且情绪上比较兴奋，与同伴互动时动作幅度较大，超过了课桌的中线，互动时不遵守交往规则。不跟随老师的教学，没有遵守课堂规则。他的注意力不足，经老师多次提醒后，有所改善，但维持不到 1 分钟，低头做小动作次数频繁，多次与前面的同学讲话，与同学有肢体冲突，弯腰抠地板的洞，捡拾小物、玩小物。他自我控制能力弱，规则意识淡薄，影响课堂教学。体育课上，他与同学推搡，发生肢体冲突和言语冲突。他不跟随老师的要求，不遵守活动规则，影响教师的正常课堂教学。

从这些信息中，看到小 D 在社交、情感方面的需要较为强烈。

案例二：六年留守与等待的小 M

小 M，男，9 岁，普通小学二年级学生。他排行老大，下面有上幼儿园的弟弟，目前就读普通小学二年级。自他出生后，父母便外出干工程，将他交由奶奶在老家农村抚养。6 岁以后，父母把他接到打工的城市上小学。

在学校里，他喜欢模仿别人不太好的行为，如模仿同学不遵守规则，打闹嬉笑。喜欢受到关注，做广播操时，一直用眼角看着老师，老师及时给予肯定评价时，他很开心。上课时，坐不住，动个不停，学习成绩落后，对基本常识的掌握很欠缺。同伴交往易出现冲突，课堂上易与同学发生言语和肢体冲突。他希望能被倾听，喜欢聊天。他说他“过着枯燥的生活”“经常挨饿”“被父母扔在家里”等。

父母对他严厉，不肯做作业时，父母会狠狠地打他。他并不反抗，父母一次比一次打得重，但他依然如故，行为上并无改善。周末在家，他和弟弟无人看管，就和小伙伴从一堵两米多高的墙上往下跳，不顾危险，而且反复爬上去再从上面跳下来，他觉得那样很刺激、很开心。母亲曾有一段时期，为了提高他的学习兴趣和学业成绩，辞职在家陪他做作业、运动和玩耍，规划他有规律的学习生活，那段时间他有明显进步。但迫于家庭经济的原因，母亲回到工作岗位，小 M 的生活又恢复到从前的状态，学习状态和行为表现也回到先前的状态。放学后，父母让他到“沙县小吃”做作业，作业完成后，在小吃店里吃晚餐，等妈妈五点半下班后来接他，再到幼儿园接弟弟一起回家。

情感需要、社交需要是小 M 较为强烈的心理需要。

案例三：注意力不集中，服用儿童多动症药物的小 Z

小 Z，男，9 岁，普通小学三年级学生。他排行老大，下面有个上幼儿园的弟弟。因老师反映他上课注意力不集中、频繁眨眼睛、小动作多和学业不良，而后爸爸带他去医院检查。医生给他配了治疗儿童多动症的药物，每天晚上服用。服药后，晚上他能很快入睡，但早上起床时头昏昏沉沉，不太清醒。放学后，他会被送到校外补习班补习功课，然后回家吃晚饭，看一个小时左右的电视，电视内容主要为冒险游戏类的节目。他在学校里很开心，有两个好朋友，经常在一起玩。

以下为小 Z 的自述："妈妈和奶奶经常吵架。有一次，妈妈拿扫帚打奶奶，而爸爸只管自己睡觉，妈妈和奶奶一直吵，然后妈妈带着弟弟去了外婆家，奶奶拦着妈妈不让走，但是妈妈还是带着弟弟走了，已有一年多没有见到妈妈。奶奶说妈妈是个坏女人，不允许我去外婆家看妈妈，否则不准我回家。爸爸很凶，他不管我，很少陪我，他总是蒙着被子睡觉。爸爸允许我去看妈妈，但如果被奶奶知道了，爸爸也要被奶奶骂的。很想妈妈。"在诉说的时候，他一直用手揉眼睛，但没有眼泪。

小 Z 的爸爸处在婆媳矛盾之中有很多的无奈。他说："本来我和他妈妈的关系一直很好，她什么都听我的。但是自从有了孩子，为了方便照顾孩子，和父母亲住在一起后，开始出现变化。母亲很强势，处处要听她的，而孩子妈妈是幼儿园老师，对于老一辈的育儿理念并不是很认同，出现了矛盾。而我处在中间，很为难，本来我是站在孩子妈妈这一边的，慢慢发现妈妈也变得很强势，我不知如何是好。后来，在她们吵架时，我就不再插手了，任由她们吵。最后，在一次激烈的争吵后，妈妈抱着老二离家出走回娘家了，一直没有回来。"爸爸表示自己处在这样的家庭矛盾中也无所适从、不知所措，不知如何协调婆媳之间的关系。同时，爸爸说起自己："父辈很辛苦，生活还是比较平淡的。30 岁前我很会赚钱，房子有 100 多平方米，自己买的，后来做生意失败，亏了很多钱，大起大落，再后来就是婚姻失败，经历的波折比较多，社会比较现实和残酷，自己的状态比较差，现在做着一份保安的工作，对孩子的成长，真没办法，顺其自然，好多东西着急也没办法。"

情感需要是小 Z 较为强烈的需要。

案例四：在学校里做各种"小破坏"的小 W

小 W（化名），男，独生子女，10 岁，普通小学三年级学生。

日常表现

他上课随意走动，有时自己看书，边看边笑，有时去找同学玩，影响同学上课。小组活动时，他需要老师单独辅导才能与同学进行合作。课间，如果是晴天，他基本不下楼活动，因为他非常讨厌晒太阳，脱离老师的管理；如果是阴天，能随班下楼，自己一个人在边上玩，但不参与集体活动。

特殊情况

2017年10月12日，上午体育课，小W坐在教室书架上，班主任老师请他下来，他不听。班主任老师对其开始录像后，他用扔书表示反抗，本想扔老师，结果扔到了好几个同学。砸中××同学的头部和××同学的小腿，造成同学小腿淤青。

2017年10月12日，英语课上，他跑出教室，往隔壁班窗户里和门缝里塞纸片。打扰了其他班上课，这样的情况一周有四五次。

2017年10月16日，上午第四节课，小W跑出教室，把音乐书和卡片撕下来，丢进二年级某班的餐车里。造成该班学生食物污染。

2017年10月20日，数学课上，天气并不热，小W把电风扇开得很大，被老师制止后，他跑到教室外面，在瓷砖上画画。

2017年11月28日，中午放学回家吃午饭，他一路走一路撒纸片，将纸片撒满二楼走廊。

2017年12月6日第四节体育课，任凭班主任老师怎么劝说，小W都不肯下楼上课，躺倒在教室里。第四节课期间，他将碎纸片撒满教室，翻乱课本、课外书，打翻粉笔槽。

2018年1月8日，小W妈妈反映，小W在体育课上受欺负。经调查，体育课下课后，小W自己将鞋子脱掉，小朋友将他的鞋子藏起来，后来还给了他。老师对全班同学进行教育，平时不去理会他的奇怪行为，但在他有困难的时候帮助他。

2018年1月12日，美术课上，小W躺在走廊上晒太阳，美术老师倒计时劝他爬起来。小W爬起来，说："傻老师，不要吵，阳光暖和，正好睡觉。"被制止后，他又跑出来对美术老师说了一遍。

小W在社交、情绪、课堂参与、行为规则的遵守、校园生活的适应方面都存在一定的困难。

案例五：偷拿零用钱，离家出走两次的小 G

小 G，女，11 岁，排行老二，家里有姐姐和妹妹，普通小学五年级学生。小 G 的母亲说她从一年级开始，便时不时地偷拿家里的钱给同学用，总计 3 万块。母亲逼着她写下同学的姓名，然后拿着女儿写下同学姓名的纸条找到学校，要这些同学把钱还回来。该班众多家长出面否认，令其母亲道歉。与此同时，老师反映在这件事发生之前，她和姐姐已有两次离家出走。

家中有爸爸、妈妈、姐姐、妹妹和小 G，共五人。姐姐上初二，妹妹上二年级。爸爸做羊绒衣，妈妈没工作，在家做家务。全家靠她爸爸做羊绒衣的收入维持生计。爸爸妈妈与爷爷奶奶的关系不好，过年过节不回老家，已持续好几年不来往。

以下是小 G 的自我报告："爸爸妈妈最喜欢妹妹，因为妹妹最小。爸爸妈妈对我和姐姐一样，晚上会让我和姐姐轮流洗碗。当出问题的时候，爸爸妈妈更多指责我和姐姐。妈妈脾气不好，生气的时候，会打骂我们，频率大概是一周一次。当我解释的时候，妈妈不听。等大家冷静下来后，妈妈会来解释为什么打我们。妈妈生气打我主要是因为我忘了做作业、作业不会做或是考试考得太差了。我和姐姐不愿跟妈妈讲自己的想法，我更喜欢爸爸，爸爸不容易发脾气，爸爸会问我在学校里开心的事，妈妈问的特别少。我最开心的时候是一年级，那时，妈妈对我的学习没有这么严格。上个学期，父母给过零用钱，一次给了 50 元，要用一个学期。50 元花完了，还想买的时候，不会问爸爸妈妈要，主要是担心爸爸妈妈不给，我知道家里的零用钱放在爸爸妈妈电视机下面的柜子里，里面硬币多、纸币少，自己会去拿零用钱。妈妈发现我私自拿零用钱，会打骂我。姐姐也会拿，但姐姐没被发现。"

小 G 胆小、老实、内向、拘谨，很少有主动语言，说话声音很小。整体状态是压抑的，内在力量不够，在情感方面有比较强的需要。

案例六：反复洗手的 W

W（化名），男，独生子女，13 岁，普通学校初一学生。

W 每天仪式感很强，起床后便洗手，先拿香皂洗手，并用清洁剂再洗；他吃饭前洗，上完厕所洗，洗完澡洗；他每天晚上放学回到家，洗手五六次，每次洗手要洗五六分钟，严格按照七步洗手法的方式清洁双手，洗得非常仔细；在学校里，他每节课下课都要洗一次，因反复洗手的行为，经常出现上课迟到的情况。上课后的前几分钟，他开始擦桌子，反反复复地擦；如果别的同学碰到他的桌子，他会用水不停地擦，书也是反反复复地擦，导致课桌前后都是水渍和散落在地的消毒纸巾。考试时，他进入考试状态的时间很慢，用半个小时写名字，试卷来不及做，让父母和老师都很担忧。

他出现反复洗手和擦拭桌面的行为已持续一年多。刚开始是因为患有脚气，手碰到脚时，他感觉眼前都是细菌在晃动，于是不停地洗手。后来出现不管手碰到什么东西都要洗，反反复复地洗。有一次，当爸爸把家中所有的肥皂藏起来后，他一直没有睡觉，怕没有洗手，手上的细菌把被子弄脏，一直僵持到凌晨5点多，他依然不肯睡觉，最终爸爸不得已把肥皂拿出来给他洗手后，他才上床入睡。

W特别怕爸爸。从小学三年级开始，因做事比较拖拉，爸爸就用棍子打他。上了初中，学业压力增大，爸爸更加严格，盯着他的时间，放学回家必须做什么，几点干什么都规定地十分紧凑。如果超出时间，爸爸依然会拿棍子打他，避免他拖拉。他晚上放学回到家，要去洗手、看书和学习，马上洗澡睡觉，时间尽可能压缩在15分钟以内，没有喘息。即使不满，他也不敢与爸爸发牢骚、不敢抱怨。当爸爸不在身边的时候，他和妈妈都会感到放松。

总之，W的不适宜行为属于行为仪式化，伴随比较强的内心焦虑。

案例七：具有阿斯伯格综合征特征的Z

Z（化名），女，独生子女，13岁，普通学校初中一年级学生。她智商较高，学习基本靠自学为主，有时跑离教室，等回到教室看到黑板上老师布置的作业题，即使没听也能马上报出正确答案，而其他同学可能还在思考之中；她肌张力低，W形坐姿，存在运动障碍，体育课从不参加；她着迷于自然科学，经常跑离教室，到校园的草丛里看昆虫，课堂参与度低；她关注细节，画的昆虫细致精确；她关注人脸上的痣，而非人脸本身；她关注老师的耳坠，而非关注人；她对物的关注比对人的关注更强；她易激惹，生气时会拉老师头发、打老师的脸等；她经常骂骂咧咧、使用网络上的不健康语言；她反复用手抓手臂上蚊子叮的包、用圆规的针扎手臂上结的疤；个人仪表、衣着，以及课桌书本整理比较杂乱。她欠缺解决问题的能力，某天早上因忘记带水杯便发脾气、骂人，老师帮她拿了纸杯，她的情绪好转，安静地回到教室。她较难认识到别人的好意，看问题多半从自己的角度出发，解决问题的策略不够，主要通过发脾气的方式应对问题。

社会性发展弱。社会认知、沟通与社交技能弱。当和别人谈论自己感兴趣的话题时，往往滔滔不绝，不在乎别人对她的话题感不感兴趣，比较以自我为中心。她对社会规则不理解，缺乏灵活性。

她平时喜欢看动画片《宝宝巴士》，不符合其生理年龄，理解不了复杂的角色和人物关系；她看的书，多为自然科学类的专业书籍，不喜欢读小说和故事。

她难以融入同龄人，同伴之间几乎没有互动，以自己为中心，对任何的批评和建议都很敏感，却常常批评别人。对一个微小事件引起的愤怒情绪，其快速发作程度和强度往往非常强烈。悲伤时会对那些“想要让她高兴起来的人感到气愤”，对她来说，别人安慰的话语和动作并不能平复情绪，反而会造成更加愤怒和攻击的反应，比如考试遇到题目不会做的时候，老师上前安慰她，她反倒咬老师的胳膊。

整体来说，Z的社会认知存在较大偏差，不能从他人的角度看问题，处理问题时有受害者心理，情绪过激和行为冲动，只能理解字面意思，具有阿斯伯格综合征儿童的特征和行为表现。

案例八：“我就是个垃圾”的S

S（化名），18岁，女，独生子女，大学一年级。

S说：“从幼儿园到现在，我一直觉得自己是个‘垃圾’。”她表现出低自尊、不自信、负面的自我评价、不信任他人、怀疑他人的正面评价。比如得到别人夸赞时，她会觉得对方说的是假的，伴随负性情绪，看待事物比较消极，往往用逃避的方式处理问题。开车的时候，当红灯亮起，她想一脚油门踩到底，不计后果地冲过去……

母亲比较高控，干涉她从小到大的交友。小学的时候，她跟一个女孩很要好，但是那名女孩的妈妈是卖衣服的，妈妈不让S跟她过多接触；初中的时候，S和另一名女孩交往很好，但是女孩的妈妈是卖化妆品的，妈妈也不让她们之间有过多接触；高中的时候，她的好朋友生活在离异家庭中，妈妈怕S受到影响，也干涉她们的交往。总之，妈妈希望她与那些学习好、各方面条件好的同学交朋友，但S觉得与那些同学聊不来。

母亲还为S做选择，比如穿什么样的衣服、买什么样的笔袋，母亲从她小时候起便开始替她做决定，直至高中毕业。当她表达自己的需求时，母亲基本上都予以否决。同时，父母对她的学业有高期待，给她带来较大压力。

S有习得性无助。在面对父母争吵时，她做出了努力，写了一封信从父母房门缝隙里塞进去，但是父母没有听到她的心声，只是说："你不要把心思花在这个上面，应该把精力用在学习上。"曾经她在父母面前下跪，乞求父母不要争吵，但得不到父母的回应，父母视而不见，依然继续争吵，最终父亲摔门而出。她很在意父母之间吵架，担心父母会离婚。

S在家很少与母亲交流，回到家就把门关起来。她与母亲之间没有肢体接触。父亲在她身边经常传递负面的情绪和信息，比如抱怨身体太累、担心自己生病，让S产生离家出走的想法。

案例九："哪里才是自己的家，自己该去哪里"的L

L，女，20多岁，某教育单位的老师。因她所在的班级中有社交、情绪和心理健康需要的儿童而与她结识。

她在谈起班里的孩子时，想起了自己的成长经历，以下是她的回顾和叙述。

她是奶奶从路边捡来的孩子，奶奶把她带到了自己的儿子家。奶奶的儿子家有儿有女，一共两个孩子，养父母对她少有关怀。家中的姐姐对她进行各种辱骂和讽刺，导致她的情绪大起大落。养父母家的哥哥受到姐姐的影响，也针对她。

小时候，一到过年，她不知道坐哪，搬凳子、数人数，怕自己没地方坐，非常恐惧过年。她在家不说话，在学校和朋友聊得很好。她感觉自己不应该存在于这个世上，一直认为自己是个累赘。初中开始，她的情绪渲染得很厉害，出现解离状态。有一个深夜，她哭着走到河边，之所以能停下，是想到了爷爷奶奶，爷爷奶奶对她好，是她生命中的两个支点。

有一次她骑着电动车到最大、最高的桥边，停在上面发呆，想跳下去，被经过的司机大骂后，她头脑清晰了一些，然后从桥上走下来。

她手上有割手腕的疤痕，曾拿手掐自己的脖子，也在网上搜索怎样可以没有痛苦的死去。

她觉得自己是家里的累赘，把家庭中发生的问题都归结为自己带来的。所有的事情都要求自己做得最好，不能生病、不麻烦别人、不想回家。她不停地问自己："哪里才是自己的家，自己该去哪里。"

她经常买毛绒玩具，来弥补情感的缺失。毛绒玩具不离手，至今依然保持这样的习惯。

第二章 儿童社交、情绪和心理健康需要的筛查与评估

在儿童社交、情绪和心理健康的支持与干预中，筛查与评估具有极其重要的意义。儿童的困难究竟在哪里？原因何在？应该如何干预？用什么方法干预？要回答这些问题，首先必须对儿童进行筛查和评估。通过评估可以对其获得更清楚的了解，同时可以有一个测量的基线，量化进展，明确干预措施，此外还可以测量所有干预的影响。

一、评估工具的选择

英国对 SEMH 需要儿童使用的评估和监测工具包括 Boxall Profile①，这是一种科学规范的评估工具。由 Marjorie Boxall 和 Marion Bennathan 在 20 世纪 70 年代设计。该量表使用简单，可进行前测和后测。

此清单和附带的手册是有效干预 SEMH 需要儿童教育的指南，有助于评估任何学龄儿童的需要。教师或其他工作人员完成 68 个项目，包括以下几个方面的评估：

· 儿童对他所经历的团体或组织（对成年人和同伴的关注度和参与程度）

· 内化控制（情绪安全、反应能力、适应他人）

· “自我限制特征”（脱离、自我否定）

· 未发展的行为（对他人的依恋；无关紧要的行为）

· 支持发展（依恋、自我意识、尊重他人）

① Florence Ruby. Now you see us：Identifying and responding to the scale of social，emotional and mental health needs in primary school children. The Nurture Group Network Limited，2019：1-3.

这些项目的评分从 0 到 4，涵盖例如眼神交流异常、情绪波动、脾气暴躁、不适当的身体接触、寻求关注、烦躁不安、欺凌、对老师的关注、对扰乱日常生活的反应、体贴、与他人的沟通，以及许多其他方面的行为。

当遇到一名儿童，他（她）焦虑—攻击性的行为似乎毫无道理，这时可以先用 Boxall 儿童发展量表。它能帮助支持人员洞察并提供进入儿童世界的切入点。评估后，支持人员能够对儿童的困难与需要有更清楚的认识与理解，建立儿童发展基线，持续监控和评估社交、情感和学术功能，并绘制出儿童随时间变化的发展图。

另外一种较为常用的评估工具为长处和困难问卷（Strengths and Difficulties Questionnaire，SDQ）①。此问卷是由美国心理学家 Goodman. R 于 1997 年根据 DSM-IV 和 ICD-10 诊断标准而专门设计和编制的，该量表在国内由上海市精神卫生中心杜亚松等进行了修订。长处和困难问卷是一个简明的行为筛查问卷。分父母、教师和学生自评三个版本，分别由家长、老师和学生评定。问卷初步编制后在美国、荷兰、德国、英国等国家得到应用。于 2001 年再次进行修订后，被 40 个国家和地区引进和应用。用于评估儿童青少年的行为和情绪问题，具有良好的信度和效度。

长处与困难问卷（父母版、老师版和学生自评版），有 25 个共用条目，每个条目按照 0—2 三级评分，0 分：不符合；1 分：有点符合；2 分：完全符合。其中第 7、第 11、第 14、第 21 和第 25 这五个条目为反向计分。影响因子包括“困难对儿童的困扰”和“对儿童造成的社会功能缺陷”两个条目，按 0—2 三级评分，均为正向评分。由此评估出情绪症状、品行问题、多动、同伴交往问题和亲社会行为五个因子及困难总分，困难总分是由情绪症状、品行问题、多动、同伴交往问题构成，即困难总分=情绪症状+品行问题+多动+同伴交往问题。此外，根据量表的附加问题，评估相应的影响程度，得出影响因子即该量表的第七个因子。由父母和教师根据对 4—16 岁儿童平时的观察，对他/她近半年的行为、情绪等方面进行评定。学生版由 11—16 岁儿童自评②。

---

① Goodman，R. The strengths and difficulties questionnaire：a research note [J]. Journal of Child Psychology and Psychiatry，1997，38：581-586.

② 杨玉凤. 儿童发育行为心理评定量表 [M]. 北京：人民卫生出版社，2016：373.

表 2.1　长处和困难问卷

指导语：请根据你过去 6 个月内的经验和事实，回答以下问题。请从题目右边的三个选项："不符合""有点符合""完全符合"的空格中，勾选出你觉得合适的答案。请不要遗漏任何一题，即使你对某些题目并不是十分确定。

你的名字：　　　　出生日期：　　　　性别：男/女

序号	项目	不符合	有点符合	完全符合
1	我尝试对别人友善，关心别人的感受	0	1	2
2	我不能安定，不能长时间保持安静	0	1	2
3	我经常头痛、肚子痛或身体不舒服	0	1	2
4	我常与他人分享东西（食物、玩具、笔）	0	1	2
5	我觉得非常愤怒及常发脾气	0	1	2
6	我经常独处，通常自己玩耍	0	1	2
7	我通常按照吩咐做事	0	1	2
8	我经常担忧，心事重重	0	1	2
9	如果有人受伤、难过或不适，我都乐意帮忙	0	1	2
10	我经常坐立不安或感到不耐烦	0	1	2
11	我有一个或几个好朋友。	0	1	2
12	我经常与别人争执，我能使别人依我的想法行事	0	1	2
13	我经常不快乐、心情沉重或流泪	0	1	2
14	一般来说，其他与我年龄相近的人都喜欢我	0	1	2
15	我容易分心，觉得难以集中精神	0	1	2
16	我在新的环境中会感到紧张，很容易失去自信	0	1	2
17	我会友善地对待比我年少的孩子	0	1	2
18	我常被指责撒谎或不老实	0	1	2
19	我常受到别的小孩或青少年的捉弄或欺负	0	1	2
20	我常自愿帮助别人（父母、老师、同学）	0	1	2

续表

序号	项目	不符合	有点符合	完全符合
21	我做事前会先想清楚	0	1	2
22	我会从家里、学校或别处拿取不属于我的东西	0	1	2
23	我与大人相处比与同龄人相处融洽	0	1	2
24	我心中有许多恐惧，很容易受惊吓	0	1	2
25	我总能把手头上的事情办妥，我的注意力良好	0	1	2

概而言之，你认为自己在情绪方面是否有困难？

否　　有少许困难　　有困难　　有很大困难

你在情绪方面的困难出现了多久？

少于1个月　　1—5个月　　6—11个月　　1年以上

你认为自己在注意力方面是否有困难？

否　　有少许困难　　有困难　　有很大困难

你在注意力方面的困难出现了多久？

少于1个月　　1—5个月　　6—11个月　　1年以上

你认为自己在行为方面是否有困难？

否　　有少许困难　　有困难　　有很大困难

你在行为方面的困难出现了多久？

少于1个月　　1—5个月　　6—11个月　　1年以上

你认为自己在和别人相处方面是否有困难？

否　　有少许困难　　有困难　　有很大困难

你和别人相处方面的困难出现了多久？

少于1个月　　1—5个月　　6—11个月　　1年以上

影响因子

		没有（0）	轻微（1）	非常（2）
这些困难是否困扰着你的孩子、学生或自己				
这些困难是否对你在下列的日常生活造成干扰	家庭生活			
	与朋友的关系			
	上课学习			
	课外休闲活动			

表 2.2　长处与困难问卷 SDQ 不同版本的正常、边缘水平和异常的划分

因子		正常	边缘水平	异常
情绪症状（3，8，13，16，24）	家长版	0—3	4	5—10
	教师版	0—4	5	6—10
	学生版	0—5	6	7—10
品行问题（5，7，12，18，22）	家长版	0—2	3	4—10
	教师版	0—2	3	4—10
	学生版	0—3	4	5—10
多动（2，10，15，21，25）	家长版	0—5	6	7—10
	教师版	0—5	6	7—10
	学生版	0—5	6	7—10
同伴交往问题（6，11，14，19，23）	家长版	0—2	3	4—10
	教师版	0—3	4	5—10
	学生版	0—3	4—5	6—10
亲社会行为（1，4，9，17，20）	家长版	10—6	5	4—0
	教师版	10—6	5	4—0
	学生版	10—6	5	4—0
影响因子	家长版	0	1	2 或以上
	教师版	0	1	2 或以上
	学生版	0	1	2 或以上

续表

因子		正常	边缘水平	异常
困难总分	家长版	0—13	14—16	17—40
	教师版	0—11	12—15	16—40
	学生版	0—15	16—19	20—40

辅助的评估工具还包括执行功能行为评定量表（Behavior Rating Inventory of Executive Functioning）、情感素养：评估和干预（Emotional Literacy：Assessment and Intervention）、儿童愤怒表达量表（Anger Expression Scale for Children）、功能性行为评估（Functional Behavior Assessment）、早期行为清单（Early Years Behavior Checklist）、自我意象量表（Self Image Profiles）、儿童抑郁自评量表（The Depression Self-Rating Scale for Children）、Achenbach 儿童行为量表（Child Behavior Check List），以及儿童焦虑相关情感障碍的筛查（The Screen for Child Anxiety Related Emotional Disorders）等。

二、筛查与评估的步骤、流程与方法

（一）已被医学权威机构鉴定的 SEMH 需要儿童的纳入办法

这些儿童包括已被医学权威机构鉴定为“孤独症谱系障碍”“注意力缺陷与多动障碍”“强迫—冲动障碍”“忧郁”“攻击”“混合型症状群”“选择性缄默症”“情感交叉擦腿综合征”等儿童。

（二）未被医学权威机构鉴定的 SEMH 需要儿童的筛查与评估

第一步：教师提案

班主任教师在教室里观察与识别有外倾型行为和内倾型行为的高风险儿童，填写《儿童基本情况表》《长处与困难问卷 SDQ（教师版）》《儿童基本表现与环境适配性检核表》《儿童行为动机评估表》，以及提供能够显现儿童适应困难的日常记录的文字材料、视频或图像等。

班级教师填写《儿童基本情况表》，填写的内容包括儿童的姓名、性别、出生日期、入校（园）日期、是否接受过医学鉴定或评量、主要困难、行为问题、行为优点、能力发展和家庭教育情况等。

表 2.3 儿童基本情况（教师填写）

儿童姓名		出生日期	
性别		入校（园）日期	
班级		班主任教师	

儿童是否曾接受过医学鉴定？□是（请继续填答下面表格），□否

儿童曾接受过哪些评量？

评量名称	评量日期（年/月）	评量结果	评量单位或机构

儿童的主要困难集中在（可复选）：

□计算困难 □推理困难 □空间方向感弱 □视动协调能力弱 □听觉理解困难（听话能力弱） □语言表达能力弱 □记忆力弱 □专注力弱 □社交困难 □情绪控制弱 □其他(请说明：)

儿童最主要的行为问题有哪些？(可复选)

□人际关系问题（例如： ）

□行为规范问题（例如： ）

□忧郁症/过度情绪问题（例如： ）

□特异习惯（例如： ）

□其他（例如： ）

以教师的观察，您认为儿童的行为优点为何？(可复选)

□帮忙班级事务 □友爱同学 □生活规律 □遵守校规 □乐于助人 □能作理性沟通 □认真负责 □个性敦厚 □人缘佳 □乐观开朗 □乖巧可爱 □其他

以教师的观察，您认为儿童在以下几个能力领域的发展如何？

能力领域	发展情况（与同龄儿童相比），请做具体描述
感知觉发展	
认知与语言发展	
粗大运动技能与精细动作技能	
同伴交往能力	
生活自理能力	
情绪与行为管理能力	
游戏技能	
教师是否有需要特别说明的地方	如有，请说明：

基于教师的了解，儿童家庭教育方面的情况如何：

家庭教育方面的优势与做得比较好的地方	家庭教育方面需提升的部分

班级教师填写《长处与困难问卷 SDQ（教师版）》对儿童的情绪症状、品行问题、是否过度活跃（多动）、同伴交往问题、亲社会行为等方面进行评估。

班级教师填写《儿童基本表现与环境适配性检核表》，对儿童的教室适应技巧及学校提供的学习环境进行评估。

表 2.4　儿童基本表现与环境适配性检核表（通用版）①

填表人________ 儿童姓名________ 年级________ 填表日期________

◎儿童的教室适应技巧（请就儿童的主动表现圈选适当的频率）

儿童在教室的适应技巧	儿童表现					
	很少如此	偶尔如此	有时如此	经常如此	总是如此	无法判断
1. 上课注意听	□	□	□	□	□	□
2. 听从指令	□	□	□	□	□	□
3. 遵守教室规则	□	□	□	□	□	□
4. 能适当回应老师的提问与唤名	□	□	□	□	□	□
5. 完成指派的工作	□	□	□	□	□	□
6. 备齐上课学习用品	□	□	□	□	□	□
7. 能够适当提问	□	□	□	□	□	□
8. 上课期间持续参与学习活动不受无关事件干扰	□	□	□	□	□	□
9. 参与小组活动并有所贡献	□	□	□	□	□	□
10. 能轮流等待	□	□	□	□	□	□
11. 适当寻求他人协助	□	□	□	□	□	□
12. 适当表达自己的需求	□	□	□	□	□	□
13. 适当表达谢谢、对不起	□	□	□	□	□	□

① 洪俪瑜，凤华，何美慧，等．特殊教育学生的正向行为支持［M］．新北：心理出版社，2018：光碟附件 05.

◎学校提供的学习环境（请依据现有班级执行状况圈选）

学校提供的学习环境	班级执行状况			
	有	部分有	没有	无法判断
1. 因应儿童特殊需求调整教学内容	□	□	□	□
2. 因应儿童特殊需求调整教学策略	□	□	□	□
3. 因应儿童学习及参与的需求，提供必要的支持（辅具、专业团队服务、医疗资讯、座位调整）	□	□	□	□
4. 提供儿童在学习过程中有适度的成功经验	□	□	□	□
5. 提供明确、易懂的提示，包括环境、活动的流程与规则等	□	□	□	□
6. 明确说明或示范所期待的正向行为	□	□	□	□
7. 一致、清楚的鼓励所期待的正向行为	□	□	□	□
8. 提供安全的学习环境	□	□	□	□
9. 营造接纳的学习环境	□	□	□	□

◎补充说明：

（如果儿童有明显且特别的特殊需求，上述表格未能表达的，请在此注明）

班级教师填写《儿童行为动机评量表》。通过评量，梳理儿童行为背后的功能。

表 2.5　儿童行为动机评量表

班级教师姓名：__________　　儿童姓名：__________
儿童性别：☐男　☐女
年　级：______________________
评量行为：______________________

行为出现的原因	表现情形 从来不会 ←——→ 一直都是					
1. 做这个行为是因为能听到特殊的声音	0	1	2	3	4	5
2. 当他得到你的注意后，这个行为就会停止	0	1	2	3	4	5
3. 当他在做某件事而你不让他做时，这个行为就会出现	0	1	2	3	4	5
4. 当他不喜欢或讨厌的人靠近他时，这个行为就会出现	0	1	2	3	4	5
5. 当他得到同学的注意后，这个行为就会停止	0	1	2	3	4	5
6. 当他想做某件事，而你不允许时，这个行为就会出现	0	1	2	3	4	5
7. 做这个行为是因为能感觉到特殊的视觉刺激	0	1	2	3	4	5
8. 当你要求他做事时，这个行为就会发生	0	1	2	3	4	5
9. 当你称赞他时，这个行为就不会发生	0	1	2	3	4	5
10. 当同学不给他东西时，这个行为就会出现	0	1	2	3	4	5
11. 做这个行为是因为能闻到特殊的味道	0	1	2	3	4	5

续表

行为出现的原因	表现情形 从来不会 ←——→ 一直都是					
12. 当他在活动中遇到困难，这个行为就会出现	0	1	2	3	4	5
13. 当同学称赞他时，这个行为就不会发生	0	1	2	3	4	5
14. 当他不能立即得到他想要的东西时，这个行为就会出现	0	1	2	3	4	5
15. 当他独自一个人时，这个行为就会发生	0	1	2	3	4	5
16. 当他置身在他不喜欢的场所时，这个行为就会出现	0	1	2	3	4	5
17. 得到你的陪伴后，这个行为就不再出现	0	1	2	3	4	5
18. 当你把他喜欢的东西拿走时，这个行为就会出现	0	1	2	3	4	5
19. 当他无所事事时，这个行为就会出现	0	1	2	3	4	5
20. 当他被责备或被处罚时，这个行为就会发生	0	1	2	3	4	5
21. 得到同学的陪伴后，这个行为就不再出现	0	1	2	3	4	5
22. 当同学拿走他喜欢的东西时，这个行为就会出现	0	1	2	3	4	5
23. 这个行为会持续一段时间，甚至在旁人出现在他身边时仍不会停止	0	1	2	3	4	5
24. 当同学批评他时，这个行为就会出现	0	1	2	3	4	5
25. 当你把注意力放到别人身上时，这个行为就会出现	0	1	2	3	4	5

续表

行为出现的原因	表现情形 从来不会 ←——→ 一直都是					
26. 当他从事这个行为时，会显得特别专心，丝毫不受外界刺激的干扰	0	1	2	3	4	5
27. 当同学把注意力放到别人身上时，这个行为就会出现	0	1	2	3	4	5
28. 当他做错事时，这个行为就会出现	0	1	2	3	4	5
29. 当别人有某一东西，而他没有时（食物或玩具），这个行为就会出现	0	1	2	3	4	5
30. 这个行为会一而再的重复出现	0	1	2	3	4	5
31. 当他离开他所熟悉的场所时，这个行为就会出现	0	1	2	3	4	5
32. 当给他的东西不是他想要的，这个行为就会发生	0	1	2	3	4	5

计分：

分量表	题号	总分	平均分
自我刺激	1）_7）_11）_15）_19）_23）_ 26）_30）_	_	_
逃避	4）_8）_12）_16）_20）_24）_ 28）_31）_	_	_
获得他人注意	2）_5）_9）_13）_17）_21）_ 25）_27）_	_	_
获得实质性东西	3）_6）_10）_14）_18）_22）_ 29）_32）_	_	_

主要功能：1.________ 2.________

（本评量表修正自：林惠芬．问题行为动机量表编制报告［J］．特殊教育研究学刊，2001，20：129-145.）

班级教师提供对困难儿童观察的日常记录材料，如沟通、社交互动、亲社会行为、生活自理、参与课堂活动和户外活动、有无需要特别说明的情况等。

表 2.6　教师日常记录材料（举例）

记录日期	沟通（回应他人与主动表达）	社交互动（与老师、与同伴的互动或者游戏情况）	亲社会行为（分享、帮助同伴、承担班级事务等）	生活自理（吃饭、小便、午休等）	参与课堂活动和户外活动情况	有无需要特别说明的情况
9.5	在早上游戏中，个案能和小朋友一起搭建积木，有对话聊天，主动表达	他在集体教学中能和老师互动，回答问题，不主动和老师交流，但是老师和他交流能够互动	无	他能主动收拾整理自己的餐具，但不会把桌面掉下来的饭粒捡干净。小便次数多，30 分钟内 2 次。不午休，一个人在教室玩	上午在课堂上能专心听讲，下午不愿意上课，老师引导，也不愿意坐在椅子上，跑来跑去 他画画的时候很专注、认真 在户外做游戏时，他和小朋友们一起搭建房子，很开心，当老师说收起来的时候，也能帮忙收拾	无
9.6	他早上来得有点儿晚，情绪不开心，老师问他："怎么了?"他不愿意回答，直接跑掉	在游戏的时候，他不交流，用脚踢掉小朋友搭建好的房子。然后小朋友来告状，他更加不开心，一会儿踢倒人家搭建的房子，一会儿抢走人家的积木，还会拿着积木挥动，看似想要打人。后来老师给他安排任务，让他当修理工，如果哪里搭建的地方坏了，让他来修理。给了任务，他情绪好多了	无	他中午只吃一口饭，原因：不是他喜欢吃的菜。老师喂也不要吃，几次引导都说不要吃。中午不午睡	上课他坐不下来，一直在区域里游戏。上午情绪稳定，下午情绪不稳定跑来跑去，走到教室外面	无
9.7	他与小朋友沟通比较少，老师主动和他交流，心情好的时候能够交流表达	早上园长妈妈看见他在喝水，引导他先洗手再喝水，他就用手打园长妈妈，表示反抗。园长妈妈跟他讲道理，他不听取，然后逃走了	中午，他帮阿姨分碗	他能自己如厕，穿脱衣服，小便次数多，不参加午睡	户外活动方面，他能够和小朋友一起玩，但还是有攻击性行为出现。当别人告状时，他就伸手打人	无

续表

记录日期	沟通（回应他人与主动表达）	社交互动（与老师、与同伴的互动或者游戏情况）	亲社会行为（分享、帮助同伴、承担班级事务等）	生活自理（吃饭、小便、午休等）	参与课堂活动和户外活动情况	有无需要特别说明的情况
9.8	早上他心情不错，和小朋友、老师简单交流	收积木的时候，老师引导："请帮忙把积木收拾好，我们要上课了。"他不高兴，继续玩	无	他能自己如厕，穿脱衣服，小便次数多，不参加午睡	集体教学前20分钟，他可以专注地坐下来听讲，后面跑出去	他小便次数多，妈妈说看过医生。医生说是心里想尿尿
9.9	他早上来园后先在教室里转一圈，然后和小朋友一起玩乐高积木，交流少	当小朋友诺诺在玩魔尺的时候，他抢走了诺诺的魔尺。诺诺告诉老师，老师说："拿别人的玩具要经过别人同意的。"他没经过对方同意，拿了就跑，诺诺想要拿回自己的魔尺。他就用魔尺打诺诺	无	他能自己如厕，穿脱衣服，小便次数多，不参加午睡	户外活动参与还可以，能够和同伴友好地一起玩搭建房子的游戏	无
9.13	在游戏中，他与同伴有简单对话	早晨看见芝麻小朋友在玩拼豆豆，就把他拼好的豆豆全部打翻，芝麻告状，他便打了芝麻。中午，老师询问他，是不是心情不好，老师猜中了是因为他想和芝麻交朋友，但是芝麻的告状惹怒了他，所以生气打人，后期让芝麻与他抱一抱和解后，他就恢复正常，没有做其他异常行为	中午，他帮助阿姨叠毛巾	他会自己小便、穿衣穿鞋，午睡不睡，在教室里玩玩具，玩好玩具不收拾就走了	他在椅子上坐了五分钟，嘴里喊："没意思，真没意思。"然后躺地上不起来	无

续表

记录日期	沟通（回应他人与主动表达）	社交互动（与老师、与同伴的互动或者游戏情况）	亲社会行为（分享、帮助同伴、承担班级事务等）	生活自理（吃饭、小便、午休等）	参与课堂活动和户外活动情况	有无需要特别说明的情况
9.16	无	早上来得晚，去医院检查，10：10到幼儿园。教室里在集体庆生，他能安静坐下来倾听。10：45，在楼下玩篮球，他插队，别的小朋友都谦让，楠楠小朋友反驳："你插队!"他瞬间不开心，把楠楠的球踢走，并推打楠楠。老师尝试拉开两人，他躲在角落哭泣，不愿意玩耍。户外结束，老师带小朋友回教室，他不愿意，把篮球筐里的球一个个扔出去。在教师的劝导下，不情愿地回到教室，回到教室在地上打滚	无	吃饭时间，大家有序排队拿餐，他在没有老师叫到的情况下自己拿餐吃饭去了	无	无
9.17	无	早上8：20到校，他心情很不错，高兴地和落落小朋友聊了几句，然后和她一起进入建构区域，和落落一起玩建构积木的游戏。在游戏的时候能够和小伙伴沟通聊天"我搭的是飞船""我可以的，飞船搭起来了""落落，你给我一块红色的积木"。游戏时间一直持续到8：50，很专注。然后，小朋友们听音乐收积木，他没有收，直接跑到拼豆豆的小朋友那里玩。8：55小朋友已经收拾好积木，他没有参与收拾	无	无	9：00集体教学活动，其他小朋友坐下来学本领，他不高兴，嘴里说："没意思。"老师引导他坐下和小朋友一起上课，他直接躺在地上。老师扶起他，帮他找好椅子坐下来，没到1分钟，他又躺在地上不起，之后走来走去不上课	无

班级教师提供儿童在集体教育环境中的视频资料或图像资料，包括具有能体现儿童社交困难、情绪困难和行为偏差的视频或图片资料。

教师访谈。在班级教师对儿童进行量表评估的同时，专业人员运用《教师访谈表》向教师进行一对一访谈，主要了解儿童在班级环境中的困难表现，以及教师面临的工作困扰。

教师访谈表

· 让老师感到管理困难的儿童特征及其日常表现（社交、情绪与行为等）如何？

· 儿童困难表现的持续时间为多久？

· 教师运用的支持策略有哪些？

· 支持策略对儿童是否有效？

· 儿童的家庭养育情况如何？

· 儿童的父母在家校沟通与合作中的态度与表现如何？

第二步：初步判断

根据班主任教师填写与提供的材料进行分析，与 SEMH 需要儿童的特征进行比对，同时《长处与困难问卷 SDQ（教师版）》的评估结果在异常分值区间（16—40 分），且困难已持续半年以上，对儿童日常的生活学习、交友，或课外休闲活动造成一定的困扰。由此，初步判断疑似高风险儿童是否需要进一步观察与评估，并提交申请、递交提案。

第三步：直接观察

运用直接观察法，即在某个具体时段在自然的教育情境中直接观察。专业人员在学校自然情境中直接观察疑似高风险的儿童，包括对室内集体教学环境和户外游戏环境的观察，对每位儿童的观察时间至少半天，尤其是在儿童最容易出现困难或问题的课上，是重点观察的部分。观察者在教室里或户外环境场所里不显眼的角落，避免儿童受到影响。运用《儿童课堂学习与户外活动观察记录表》和《儿童特异行为观察记录表》，从儿童的课堂参与度、跟随教师教学行为的情况、对教师的回应、同伴交往、情绪或行为是否对课堂有干扰、适应班级环境情况、特异行为表现、班级系统环境等几个层面进行观察与记录，比如需要关注他们坐在哪里、和周围同学的互动、老师讲课时他们是否听从指令、有没有人或物引起他们的分心、出现情绪或行为问题时老师和同伴的反应、儿童的优势表现等，将观察到的信息如实记录在记录表中。

表 2.7　儿童课堂学习与户外活动观察记录表（专业教师填写）

<table>
<tr><td>儿童姓名</td><td>观察教师</td><td colspan="2"></td><td>观察地点</td><td colspan="2"></td><td>观察日期与时间</td><td></td><td>备注</td></tr>
<tr><td>课堂观察情况总体描述</td><td colspan="8">整体情况：</td><td></td></tr>
<tr><td>儿童的优势能力描述</td><td colspan="8">优势能力表现：</td><td></td></tr>
<tr><td>儿童在社交、情绪、行为表现方面的描述</td><td colspan="8">社交表现：
情绪表现：
行为表现：</td><td></td></tr>
<tr><td>课堂参与度或活动参与度情况描述</td><td colspan="8">课堂活动参与情况：</td><td></td></tr>
<tr><td>班级整体生态系统描述</td><td colspan="8">班级整体情况：</td><td></td></tr>
<tr><td>该童与活动任务之间的关系（请打√）</td><td colspan="2">·难以胜任
·有较大困难
·部分胜任
·毫无挑战</td><td colspan="3">该童与其自身之间的关系，是否可以很好地调控自己的情绪，是不是易激惹（请打√）</td><td colspan="2">·很容易被激惹、情绪很容易冲动
·比较容易
·不太容易
·不容易</td><td>该童与老师之间的关系（请打√）</td><td>·亲密
·良好
·疏离
·回避</td></tr>
<tr><td>该童与同伴之间的关系（请打√）</td><td colspan="2">·亲密
·良好
·疏离
·回避</td><td colspan="3">其他同学的整体表现（请打√）</td><td colspan="2">·优秀
·良好
·一般
·混乱</td><td>班级大部分同学的课堂参与度（请打√）</td><td>·高
·中等
·低</td></tr>
<tr><td>观察到的其他情况或从班级教师那里了解到的其他情况</td><td colspan="9"></td></tr>
</table>

表 2.8　儿童特异行为观察记录表（如，发脾气、打人、跑离教室、吐口水）

前奏事件	行为表现	行为结果	行为功能

第四步：形成家庭调研名单

结合初步筛查和学校（幼儿园）集体环境中的直接观察结果，专业人员和学校行政人员共同决议哪些儿童需要做进一步的家庭调查与访谈，形成家庭调研名单。

第五步：家庭调研

与家长一对一、面对面访谈。保障家长在评估过程中的直接参与权。家长作为儿童的监护人，对儿童的身心状况最为了解。因此，在评估中邀请家长参与，通过设置家长参与阶段，可以更加准确地获得儿童的信息和需求，从而后续为困难儿童提供匹配度更高的教育服务。由儿童的主要养育者填写《家庭养育环境问卷》和《长处与困难问卷 SDQ（父母版）》。

以乡镇幼儿家庭的调研为例：

儿童背景信息调查

儿童年龄：3—4 岁，4—5 岁，5—6 岁

儿童性别：男，女

是否为独生子女：是，否

家庭人均月收入：小于或等于 2000 元
2001—4000 元
4001—6000 元
6001—8000 元
8001 元以上

父亲文化程度：小学或文盲
初中及中专
高中及技校
大专

本科
研究生及以上
母亲文化程度：小学或文盲
初中及中专
高中及技校
大专
本科
研究生及以上
家庭类型：核心家庭（爸爸、妈妈、孩子）
中间家庭（加祖父母）
大家庭（加祖父母及其他人员）
重组家庭（现任父亲或母亲为养父或养母）
离异家庭（父亲或母亲一方带着孩子）
其他
是否经历半年至半年以上的母婴分离：是，否
是否经历半年至半年以上的父婴分离：是，否

表 2.9 3—6 岁儿童家庭养育环境问卷

（问卷由亲自抚养孩子的家长完成，根据近期 6 个月自己家庭对孩子养育情况回答，一般 5—8 分钟左右即可完成。）

家长：
您好！

以下是关于孩子家庭养育环境的问卷，请根据近 6 个月自己家庭对孩子养育情况如实回答。每题后面有从不（1）、很少（2）、有时（3）、经常（4）、总是（5）共五级备选答案，请在符合您孩子实际情况的等级选项数字上打√，每题只选一个答案。

评估项目	从不	很少	有时	经常	总是
（1）对家庭生活感到满意					
（2）有意识地与孩子一起唱歌、听音乐					
（3）带孩子外出，去郊区野外活动					
（4）家庭气氛融洽					

续表

评估项目	从不	很少	有时	经常	总是
(5) 有多个可供儿童活动的房间					
(6) 与孩子一起阅读，并引导孩子自行阅读					
(7) 孩子活动的房间光线明亮，布置得丰富多彩					
(8) 及时并耐心解答孩子的各种问题					
(9) 有意识地按照公共准则引导和规范孩子的行为					
(10) 拥有足量适合孩子年龄阅读的图书					
(11) 家长了解各种玩具的玩法及其功用					
(12) 与孩子一起玩玩具，进行角色游戏					
(13) 引导孩子探索认识各种事物间的相互关系					
(14) 给孩子讲故事、诵诗歌					
(15) 用恐怖的意象或故事（如大灰狼）吓阻孩子的自主行为					
(16) 对孩子的良好行为及时进行肯定、鼓励					
(17) 让孩子参加各种户外活动（跑动、攀爬、游戏等）					
(18) 带孩子观看表演、参观博物馆					
(19) 让孩子和其他儿童一起玩耍、游戏					
(20) 凭自己心情对孩子忽冷忽热					
(21) 鼓励孩子生活自理（吃饭、穿衣、洗漱）					
(22) 有意识地帮助孩子认知形状、大小、颜色、数字等					
(23) 和孩子进行目光、言语的交流					
(24) 亲子出现敌对或冲突					
(25) 有意识地训练孩子用笔和画图					
(26) 总担心出事，把孩子限制得很死					
(27) 延迟满足孩子要求，有意识地锻炼孩子的自控能力					

续表

评估项目	从不	很少	有时	经常	总是
(28) 感到孩子可爱，愿意和孩子在一起					
(29) 拥抱、爱抚孩子					
(30) 引导孩子和其他儿童开展合作与竞争					
(31) 对孩子的不高兴或痛苦的原因十分清楚					
(32) 感到带孩子很累、很烦					
(33) 家长之间对孩子的行为规范要求和教育方式一致					
(34) 鼓励孩子做家务（整理物品、打扫卫生等）					
(35) 对孩子关怀备至，包办一切事务					
(36) 培养孩子良好生活习惯					
(37) 引导孩子进行手工活动或操作练习					
(38) 让孩子自主管理自己的物品					
(39) 给孩子自己做决定的机会					
(40) 惩罚孩子（斥骂、打屁股、罚站等）					
(41) 鼓励并提供机会让孩子克服困难，解决自己的问题					
(42) 为家庭或孩子的事情而争吵					
(43) 鼓励孩子尽量用语言表达自己					
(44) 经常强迫孩子多吃一点					
(45) 拥有足量的与年龄相宜的玩具					
(46) 对孩子的任何事情都要干涉					
(47) 给孩子诉说、表达或申辩的机会					
(48) 带孩子到超市、公园					
(49) 赞赏孩子的好奇心，有意识培养孩子的兴趣					
(50) 无端向孩子发脾气					
(51) 有意识地帮助孩子认知事物，扩大词汇					

续表

评估项目	从不	很少	有时	经常	总是
（52）保持孩子活动的房间清洁、整齐					
（53）对孩子的需求能够作出及时的回应					

3—6 岁家庭养育环境问卷由 53 个条目组成，包含语言/认知、情感温暖/自我表达、社会适应/自我管理、忽视/干涉/惩罚、活动的多样性/游戏参与、环境气氛 6 个因素，分别包含 12 个、8 个、11 个、11 个、6 个和 5 个条目。各个条目均采用 Likert1—5 级记分，1 分：从不；2 分：很少；3 分：有时；4 分：经常；5 分：总是。但忽视/干涉/惩罚因子的条目需要反向记分。各个因子所包含的各个条目得分合计即为该因子的得分。在具体评价上，可以应用总分和各个因素得分对整个养育环境或因素做出评价。方法是根据总分和各个因素得分与常模百分位数比较。百分位数的划界值为 P15 和 P85，总体或因素得分在第 15 百分位数以下者为较差养育环境；大于第 85 百分位数者为良好养育环境；两者之间为一般养育环境。也可具体到对每个条目进行评价和指导，各个条目的得分越高越好（反向记分者要作反向处理），大于 3 分为良好，小于 3 分为较差，3 分者为一般①。

家长填写的《长处与困难问卷 SDQ》（本章前文已有介绍，略）评估分值需要在异常分值之内（17—40 分），且困难持续半年以上，给儿童的家庭生活、上课学习、课外休闲活动或与朋友的关系带来困扰。

如果家长不认为自己的孩子有 SEMH 需要，则借助家长开放日、家校互动日，邀请家长来校（园）观察半日，观察儿童在班集体中的适应与表现情况。

① 杨玉凤．儿童发育行为心理评定量表［M］．北京：人民卫生出版社，2016：532.

第六步：社会测量（Sociometric Measurement）

主要通过同伴访谈对被疑似儿童个案做出评判。运用同伴访谈的方法，从疑似高风险儿童的身边找到3—5位同伴（比如，同一小组）进行访谈。班主任教师运用《同伴访谈表》，在安静且熟悉的教室环境内，对3—5位同伴逐一访谈。在访谈一位儿童时，其他儿童不在场，以免影响儿童的独立思考和表达。在访谈开始前由专业人员对访谈者组织相关培训，帮助其准确理解访谈目的，明确访谈题目及访谈中需要注意的表情、动作和语气语调等相关内容，以保证访谈者能严格按照要求进行访谈。问题的顺序可以随机，可根据儿童的回答适当调整。从同伴反馈的信息中再次确认，以免遗漏或避免主观。

同伴访谈表

请班主任老师找到SEMH需要儿童身边（如同一小组）的四五位同伴，一个一个访谈，即在访谈一位儿童时，其他儿童不在场，以免影响儿童的思考和表达（注：问题的顺序可随机，可根据儿童的回答而做调整）。

访谈儿童（姓名或代码）：

- 你愿意和××一起玩吗？为什么？
- 你和××一起玩过什么游戏或一起做过什么事情（活动）？
- 你们现在是好朋友吗？你愿意和他交朋友吗？为什么？
- 你提醒或者帮助过××吗？
- 你觉得××怎样做或做什么，你会更喜欢他？

第七步：共同研判

经过以上六个步骤后，组织研判会。参会人员包括学校行政人员、教师（班主任教师、配班教师）、儿童父母、专业教师和研究人员等，对儿童的资料（文字记录、评估结果、视频和照片资料）进行分析和共同研判，判定儿童的困难是否异常到需要特别的支持与干预，形成需要支持与干预的SEMH需要儿童名单。

表 2.10 儿童 SEMH 需要的筛查和评估的操作流程与步骤

筛查与评估的步骤	目的	使用的工具或方法	参与人员	所用时间
a. 教师提案。 向教师发放《儿童基本情况调查表》《长处与困难问卷 SDQ（教师版）》等。班主任教师填写《儿童基本表现与环境适配性检核表》《儿童行为动机评估表》，提交日常观察记录材料以及视频材料等。 运用《教师访谈表》，进行教师访谈	班级教师在教室里观察与识别有外倾型行为和内倾型行为的高风险儿童	《儿童基本情况表》《长处与困难问卷 SDQ（教师版）》教师日常观察记录材料；《儿童基本表现与环境适配性检核表》《儿童行为动机评量表》 《教师访谈表》	班级教师、专业人员	全校（园）1—3 天的时间
b. 对教师填写的资料和调查表进行分析、与 SEMH 需要儿童的特征进行比对，初步判断疑似高风险儿童是否需要进一步观察，并向学校（幼儿园）提交申请与递交提案	初步确定疑似高风险儿童是否需要进行进一步的观察	问卷评估结果；儿童信息资料；提案表	专业人员	全校（园）1—3 天的时间
c. 专业人员在学校（幼儿园）自然情境中直接观察高风险儿童（每位学生至少半天的观察时间，包括课堂学习与户外活动表现）	观察疑似高风险儿童的学校生活的适应情况	《儿童课堂学习与户外活动观察记录表》《儿童特异行为观察记录表》	专业人员	全校（园）1 周左右的时间
d. 对观察结果进行分析与讨论，专业人员、班级教师、行政人员就观察的结果，进行深入、系统地讨论，形成家庭调研名单	分析观察结果	个案分析与讨论	专业人员、班级教师与行政人员	全校（园）1—3 天的时间
e. 向家长做详细的调查与访谈，对儿童的家庭背景、养育环境、儿童成长史与发展史等信息进行全面收集	面向家长进行家庭信息与儿童成长信息的调查、访谈、评估，也包括医院的诊断报告等信息的全面收集与整理	《儿童背景信息调查表》（社会人类学资料）《家庭养育环境问卷》《长处与困难问卷 SDQ（父母版）》；医院诊断的报告	专业人员	每个家庭 2—3 个小时，全校共计 1 周的时间

续表

筛查与评估的步骤	目的	使用的工具或方法	参与人员	所用时间
f. 运用同伴访谈的方法，从同伴反馈的信息中再次确认	以免遗漏、信息不全、或不够客观	《同伴访谈表》	班级教师、同伴和专业人员	全校（园）1—3 天的时间
g. 经过以上六个步骤，共同研判，形成需要支持的困难儿童名单	组织开展个案研判会，确定需要支持的 SEMH 需要儿童名单	集体研判与讨论，确定名单	班级教师、专业人员、学校主管部门行政人员和家长	全校（园）3 天的时间

经以上较为严谨的筛选与评估，从集体教育环境中筛选出 SEMH 需要儿童，他们的《长处与困难问卷 SDQ（教师版）》和《长处与困难问卷 SDQ（父母版）》评估的困难分均值在 16—40 分（属异常），亲社会行为分均值在 0—5 分（属异常或边缘水平），且困难已持续半年以上，对儿童日常的生活学习、交友、或课外活动造成一定的困扰，难以适应学校（或幼儿园）的集体环境。结合学校与教师的推介、医疗权威机构的鉴定、现场观察与专业评估、教师访谈、家长访谈、同伴访谈等，并征得家长的同意（家长签署同意书），最终确定需要支持与干预的儿童名单。

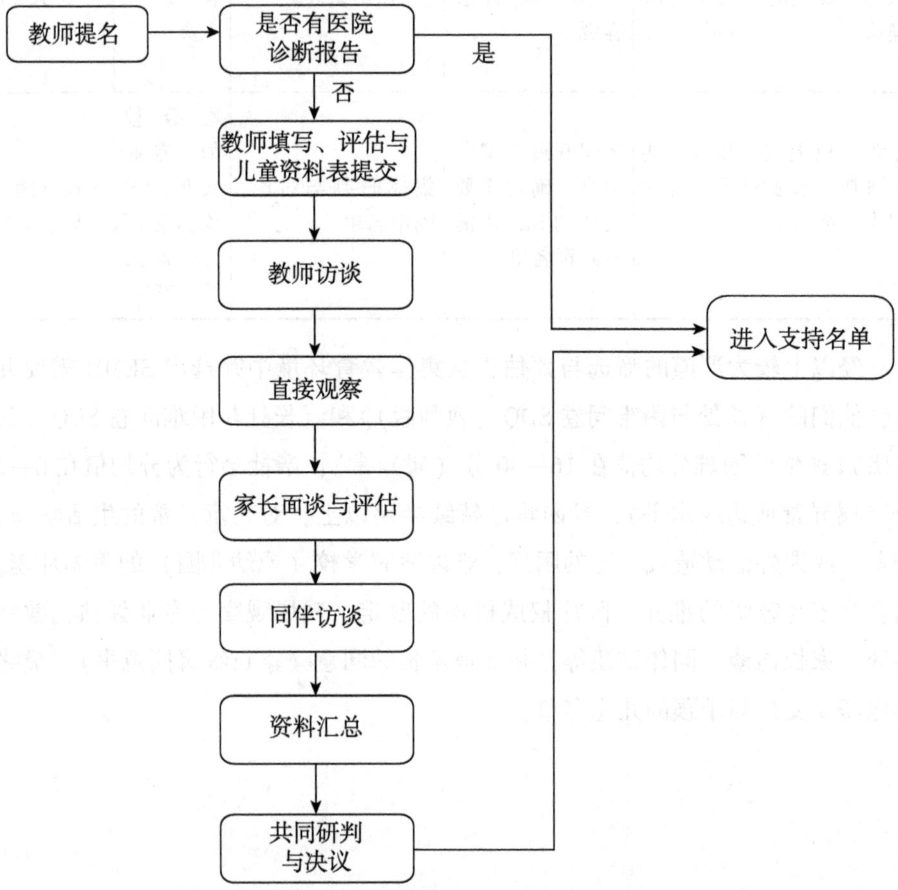

图 2.1　SEMH 需要儿童筛查与评估的操作流程

第三章　影响儿童社交、情绪和心理健康的原因探析

儿童SEMH需要的产生，最常见的原因包括依恋史（缺乏接纳、需求不被满足、缺少情感温暖、缺乏正向反馈、照顾者管理情绪反应的能力欠缺），创伤史（家庭暴力、虐待、忽视、欺凌、暴力犯罪、社交排斥、仇恨偏见、丧失），当前的家庭动态，以及围绕儿童身边的其他系统（学校、社区、社会）。

一、从生态系统理论视角看儿童SEMH需要发生的影响因素

影响儿童SEMH需要的因素大致分为个体内在因素和外部环境因素。个体内在因素在“SEMH需要儿童的生理特征、心理特征、行为特征、社会行为特征”等章节中已有呈现，在此不再赘述。以下分析外部环境因素。儿童潜力的实现在很大程度上取决于他们发展和学习的环境，以及这些环境之间的相互联系。从儿童的早期生活开始，家庭成员之间形成的家庭关系是社交、情感和认知发展的深刻催化剂。从儿童对照顾者的关键依恋到青少年发展，家庭是第一背景，是第一个社会化系统，儿童的个人技能与家庭环境相互作用，导致个人成长。一旦儿童进入正规教育阶段，学校就成为影响其发展的另一个重要背景。然而，促进儿童发展的不仅仅是单一环境，最重要的是，环境之间的相互关系在人类发展中起着决定性的作用。布朗芬布伦纳认为环境之间支持性的联系会产生更大的健康发展潜力。生态系统理论关注儿童所处的多重系统及其相互之间的关联，强调儿童与系统之间、系统与系统之间关联的重要性。儿童世界是由一组从近到远、相互嵌套的系统或环境因素组合而成，即：微系统（Microsystem）、中系统（Mesosystem）、外系统（Exosystem）和宏系统（Macrosystem），从最直接的微观系统（如家庭或学校环

境）到更遥远的宏观系统（如广泛的文化背景），对儿童的影响从直接到间接。

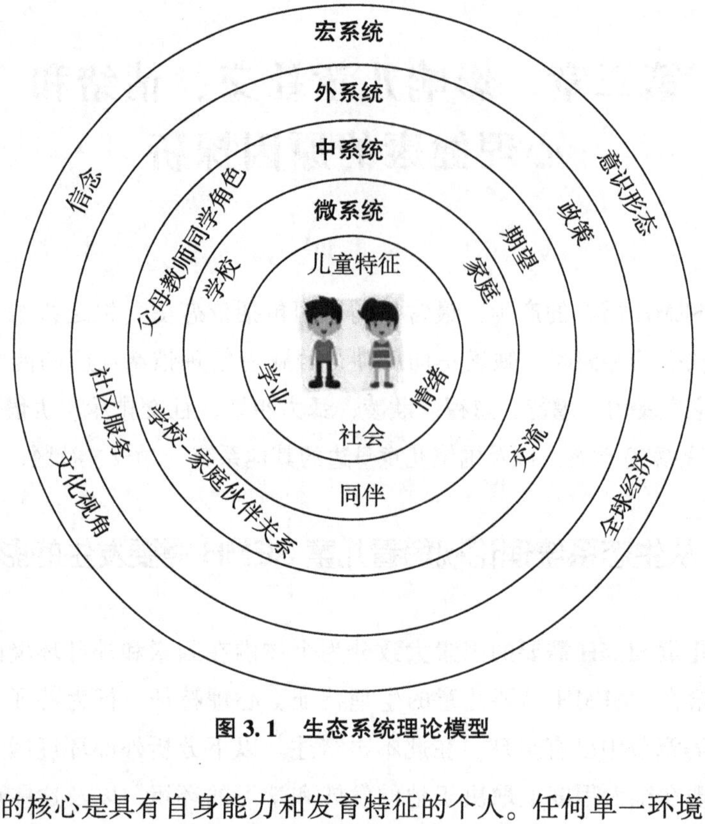

图 3.1　生态系统理论模型

系统的核心是具有自身能力和发育特征的个人。任何单一环境中经历的所有影响，如家庭、学校或邻里，都是微系统的一部分。

微系统之间的影响和相互关系是中系统的一部分，是第二级的影响。学校与家庭伙伴关系的建立和维护，有助于儿童的学术、社交和情感学习。家庭和学校之间强有力的相互联系对儿童的发展有着强烈的积极影响，而缺乏这种联系则成为发展的一个风险因素。环境之间的支持性联系越多，健康发展的潜力就越大。

第三个系统是外系统，它包括来自更广泛的社会群体和机构的影响（例如，学校董事会或社区）。学校董事会或社区发生的事件可能会对儿童产生很大的影响。例如，学校董事会关于改变学校政策的决定将影响儿童的学校教育，并改变家庭和学校等微系统之间的相互作用。

最后一个层次是宏系统，它包含更广泛的传统、意识形态和文化特征。这一系统内的影响包括重大历史事件（如战争）或社会经济变化的影响，如经济全球化。这些更广泛的问题会对较低系统产生巨大影响。例如，全球经济危机蔓延到中国经济，将导致失业和削减学校项目的预算；2020 年新冠疫情暴发，导致学校停课，学生逃避学习，亲子关系紧张，儿童青少年游戏成瘾等多种问题的出现；文化信仰的影响和宏观体系内广泛的意识形态差异，会对学校与家庭的伙伴关系和儿童的成功产生巨大影响。

除此之外，布朗芬布伦纳还提出一个时间系统（Chronosystem），所有系统随着时间慢慢改变，发生变化，这用于解释成长的时间维度①。生态系统理论有助于更广泛地理解一种社会现象，为理解儿童 SEMH 需要的发生提供了一个基本理论框架。

以下主要从微系统、中系统、外系统和宏系统四个层面来研究、梳理儿童 SEMH 需要发生的影响因素。

（一）微系统

微系统是指对个体产生最直接影响的环境。布朗芬布伦纳强调，影响儿童发展最显而易见的是其所在的家庭、所处学校，以及学校内与之密切互动的同伴群体。

家庭系统是儿童学习何时及如何表达感情，管理情绪，产生冲突并谈判分歧的地方。家庭环境和氛围将教导儿童某些规范、价值观和人际交往能力。家庭和父母是儿童成长的重要支持系统。大量研究表明，那些成长于逆境（如贫穷、父母拒绝或不敏感、低质量的照料等）中的儿童个体，在认知、社会适应、情感和健康方面出现问题的风险也更高②。

孕前环境。母亲孕期高水平双酚 A 暴露是学龄前儿童品行问题异常的危险因素，且在男童中表现更明显③。与母亲怀孕早期、中期均无焦虑症状的儿

---

① 帕克，克拉克・斯图尔特．社会性发展［M］．俞国良，郑璞，译．北京：中国人民大学出版社，2014：19-20.

② 王燕，孙芯芸，陈矜之，等．兰花型、蒲公英型还是郁金香型？环境与神经生物特征对儿童发展的影响［J］．心理技术与应用，2022（7）：437-448.

③ 陈星，鲍慧惠，吴皖珂，等．孕期双酚 A 暴露对学龄前儿童情绪和行为问题的影响．中华流行病学杂志［J］．2018，39（2）：188-193.

童相比，母亲怀孕早期、中期均有焦虑症状的儿童情绪症状异常的风险较高；与母亲怀孕早期、中期均无抑郁症状的儿童相比，母亲怀孕早期、中期均有抑郁症状的儿童情绪症状异常的风险较高①。

父母的教养方式不良或缺失。儿童的破坏性行为和较差的受教育程度或与创伤性早期生活经历有关。错过早期经验构成要素的儿童可能没有成功学习所必需的工具，这些儿童往往表现出管理行为和情绪的困难。英国精神分析师约翰·鲍尔比对父母的拒绝做了著名的研究，提出了依恋理论，探讨了父母的拒绝和关爱造成的结果。鲍尔比认为婴儿和看护者互相依恋的安全程度不仅能预测婴儿长大后的情绪是否协调，还能预测其道德发展状况。儿童和一个或少数几个看护者建立深层的、彼此信任的关系是极其重要的，这样的可靠关系既能促进人的社会发展（在学校里受人欢迎、长于社交、善于主持和推动话题、具有分享精神），又能促进语言发展（擅长用语言沟通）。父母的拒绝可能使孩子长大后变得充满暴力或者病态。那些不安全型依恋的孩子更容易遇到社交困难，产生反社会行为②。在儿童早期发展过程中，运用权威法的父母认为，他们能够通过强硬的态度把自己的意愿强加给孩子，来影响孩子的行为。这种方法可能会使孩子屈服，但却剥夺了孩子自身的力量感，并使他们感到气愤和沮丧。因为所有的人都需要对自己的生活有一种控制感，那些在家里体验不到这种控制感的孩子，就会到别处去寻找。通常，他们会在一个更安全的环境中寻找这种感觉，比如在学校里，他们会以父母在家里对待他们的方式对待其他儿童，这是他们变得富于攻击性的一个原因。受到父母贬抑的孩子会认为，要感觉到自己的强大——像他们的父母那样强大——就要削弱别人的力量。尽管并非每一个受到父母这种对待的孩子都会变得富于攻击性，但是，心理学家们发现，大多数富于攻击性儿童的父母采用的主要是这种方法。大声嚷嚷和打孩子向儿童传递了这样的信息：这些表达方式是可以接受的。权威法实际上会阻碍儿童培养共情能力。共情能力是学会解决问题技能的一个先决条件。所有有意义的行为改变，都植根于儿童

① 陶慧慧，邵婷，倪玲玲，等．母亲孕期情绪症状与学龄前儿童情绪和行为问题关系的出生队列研究［J］．中华预防医学杂志，2016（2）：129-135.

② 西蒙·巴伦—科恩．恶的科学：论共情与残酷行为的起源［M］．高天羽，译．桂林：广西师范大学出版社，2018：70-71.

的共情能力。大多数攻击性强的儿童都无法与人共情①。学者们在6个国家的母亲和儿童的国际样本中，研究了11种训导技术与儿童攻击性和焦虑行为的关联性。参与者包括生活在中国、印度、意大利、肯尼亚、菲律宾和泰国6个国家的292位母亲和她们8—12岁的孩子，研究结果显示，母亲使用体罚、表达失望和大声喊叫与儿童攻击症状显著相关，而给予暂停、体罚、表达失望、羞辱与较大的儿童焦虑症状显著相关②。父母的严厉养育可能会把儿童、青少年从家庭环境中赶走，并可能把他们带到暴力更为普遍的地方，继而影响其心理健康。复杂而混乱的家庭生活，父母没有为孩子的发展、学习和幸福肩负起责任，儿童经常遭受虐待、忽视（父母对儿童的需求和反应缺乏敏感性、回应性和支持性）或家庭暴力。家里没有一个正确的指导方针给予他们任何指导，或缺乏界限等。从这样的家庭环境中走出来的儿童，到了学校可能会对朋友或同龄人更加咄咄逼人③。与完整家庭的儿童相比，离异家庭的儿童倾向于在认知水平、同伴关系、亲子关系、问题行为等方面表现出一定的问题，离异家庭的男女儿童分别与完整家庭男女儿童相比，在心理发展方面有非常显著的差异④。在离异家庭的儿童中，男生的异常行为显著高于完整家庭的儿童，而女生的不良情绪显著高于完整家庭的儿童⑤。父子冲突对儿童的情绪症状和品行问题有正向预测作用，父子依恋能正向预测儿童的亲社会行为，负向预测儿童的多动、注意力不集中和同伴交往问题。父子冲突对儿童的情绪症状、品行问题、多动与亲社会行为的预测作用均受到父子依恋的

---

① 默娜·B. 舒尔. 如何培养孩子的社会能力Ⅱ［M］，北京：北京联合出版公司出版，2012：22.

② Elizabeth T Gershoff, Andrew Grogan-Kaylor, Jennifer E Lansford, *et al*. Parent discipline practices in an international sample: associations with child behaviors and moderation by perceived normativeness［J］. Child Development, 2010, 81 (2): 487-502.

③ Karen E Broomhead. 'Going the extra mile': educational practitioners compensating for perceived inadequacies in the parenting of children with behavioral［J］. Emotional and Social Difficulties, Pastoral Care in Education, 2013, 31 (4): 309-320.

④ 董奇. 离异家庭儿童良好适应的影响因素研究［J］. 心理发展与教育，1991，3：12-18，33.

⑤ 贺红梅，王凤，赵艳梅，等. 离异家庭儿童异常行为、情绪调查［J］. 河南大学学报（医学科学版），2001（1）：76-78.

调节①。早年与父母分离的经历对青春期流动儿童情绪、品行、安全感造成影响②。母婴早期分离儿童情绪症状、品行问题、多动注意缺陷、同伴关系问题突出，亲社会行为更差，而且分离越早，分离时间越长，发生情绪行为问题的风险越大③。父母亲教育方式过度反应、敌意、较少家人和朋友的支持，父母身体健康状况不佳，均为小学生困难总分异常的危险因素④。

长期处于压力的环境中，导致儿童压力应激系统持续工作而出现耗竭⑤。家庭的不利环境可造成多种生理和社会环境的压力。拥挤嘈杂的环境、家庭缺乏规划和秩序、不确定性因素较高等，这些压力都会导致儿童产生生理应激反应。家庭的稳定性，给孩子一生的学习和成长提供了坚实的基础。生活在语言丰富的环境中，能促进儿童认知和情感的发展；亲子互动的质量，影响儿童的自我调节能力。

父母欠缺社交和情感技能，影响儿童的社交与情绪的学习。遇到问题或困难时，他们多以情绪或行为问题的方式来应对。母亲情绪教导和情绪紊乱理念对儿童情绪稳定性的发展具有直接预测作用，且以其高冲动性为中介对儿童情绪稳定性的发展具有间接预测作用；母亲情绪教导理念对儿童情绪调节性的发展具有直接预测作用，且以其情绪调节策略缺乏为中介对儿童的情绪调节性的发展具有间接预测作用。母亲情绪教导理念有助于其不良情绪的控制和更加灵活多样的情绪调节策略，而对自身不良情绪的有效控制和更加灵活的情绪应对策略，将有助于促进其儿童情绪调节能力的发展⑥。离异家庭监护父母的情绪智力能负向预测儿童的困难总分，正向预测儿童的亲社会

---

① 尹霞云，黎志华，苏林雁．儿童情绪行为问题与父子冲突、父子依恋 [J]．中国心理卫生杂志，2013 (1)：33-37.

② 董江会，郭丽，卢婷，等．早期分离创伤对青春期流动儿童心理行为的影响 [J]．中国学校卫生 2015 (5)：651-654.

③ 刘利梅、余美侨、王为实．早期母婴分离对学龄前儿童情绪行为的影响研究 [J]．中国实用医药，2019，14 (17)：20-22.

④ 赵晓侠，陈晶琦，冯亚男，等．东北某城市小学生行为问题及其影响因素 [J]．中国学校卫生，2015 (6)：854-856.

⑤ 杨晓辉．儿童执行功能发展及促进 [M]．西安：陕西师范大学出版总社，2017：108.

⑥ 黄会欣，李银玲，张锋，等．母亲元情绪理念与儿童情绪调节能力发展的关系：母亲情绪调节的中介作用 [J]．应用心理学，2013 (2)：126-135.

行为[①]。

父母在教养孩子时，对性别的忽略使儿童青少年失去方向感，他们像没有罗盘的探险家，在无人的荒野摸索前进，不确定走的路对不对，也不知终点目标在哪里。他们不确定作为一个女生或男生的意义是什么，长大后要成为怎样的一个男人或女人。儿童对他的性别越自在，他的心理越健康，对性别自在的儿童比较有自信也比较不焦虑[②]。

学校

儿童进入正规教育阶段，学校就成为影响其发展的另一个重要背景。在某些情况下，学校环境可能导致或加剧儿童 SEMH 需要。

学校的课程安排与支持系统、学校的位置和规模。大多数大众教育体系形成于 18 世纪和 19 世纪，这些系统的设计是为了适应当时欧美工业革命所主导的经济格局。数学、科学、语言技能对工业经济中的工作至关重要。在学科层次中，数学、科学、语言技能位于最顶端，中间层是人文学科，基础层是艺术，包括音乐、视觉艺术、戏剧、舞蹈。许多学校将艺术从课程中剔除，学校中的艺术课程教师少之又少，学生只有很少的时间进行艺术活动。对教育的另一个重大影响是大学的学术文化，它倾向于把任何涉及心、身体、感觉和大脑的相当一部分好的活动推到一边，其结果是各地的学校系统都在灌输对智力的狭隘看法，并高估特定类型的人才和能力。世界各地的儿童面临着课程加速的巨大压力，他们被要求在狭隘的标准测试范围内进行越来越高水平的测试，这种分化的、“一刀切”的教育方式使得不接受或者不适应这种学习方式的儿童被“边缘化”。有些儿童存在身体组织障碍、有语言困难或感觉统合失调，学校需要关注其组织、课程和支持系统，以改善他们与环境之间的关系。如果学校课程安排和教学活动组织，没有考虑到儿童的特殊教育需要，会使得他们更难以融入校园学习生活或同伴群体之中。

学校的位置始终与儿童的攻击性和破坏性行为相关。美国的一项国家性研究表明，与郊区和乡村学校相比，城市学校的教师倾向于报告教室中学生

---

① 向碧华，曹健，尹霞云，刘俊升．离异家庭监护父母情绪智力与儿童情绪行为适应的关系：儿童希望感的中介作用［J］. 中国临床心理学杂志，2016（5）：943-945，949.

② Leonard Sax. 养儿育女调不同［M］. 洪兰，译．台北：远流出版社，2008：300-301.

破坏和适应不良行为的发生率更高①。与郊区学校（高端私立学校）相比，城市社区学校通常在经济上处于更大的劣势，社会凝聚力较低，用于教育儿童的资源更少，使城市社区学校的儿童面临更大的问题行为风险②。学校规模也与高风险行为有关。学校规模越大，攻击行为的发生率越高。相反，规模较小的学校可以提供更多的个人关注机会，并为学生和教职员工创造一个更加友好和支持的环境③。

教师

教师的实践影响儿童的行为。在普通教育课堂，教师实践如教师支持和明确指导，与儿童较高的任务行为率和较低的消极行为率相关，尤其对于SEMH需要儿童更是如此。相反，教师的消极行为与儿童的消极行为显著相关。消极的教师行为，如被动教学、教师的无反应性，与儿童的非任务行为率和消极行为发生率呈正相关④。他们的特征被概括为被孤立或被忽视，破坏性和干扰性，过度活跃，注意力不集中和社交技能不成熟⑤。虽然教师在管理他们时需要很多的耐心和很高的容忍度，但他们经常在课堂上表现出非合作或对立的行为，威胁到老师的控制感和让同伴参与学习的感觉，并挑战老师的能力，这对许多教师来说是一种压力⑥。教师在面对他们时所经受的最大挑战是情感投入。教师的大部分角色是与他们建立信任关系，儿童可通过向老师传递消极情绪来回应师生间的安全感，假如教师接手了受到虐待或精神创

① Provasnik S，KewalRamani A，Coleman M M，Gilbertson L，Herring W，& Xie Q（2007）. Status of education in rural America（NCES 2007-040）. National Center for Education Statistics，Institute of Education Sciences，US Department of Education. Washington，DC.

② Tolan Patrick H，Gorman-Smith Deborah，Henry David B. The developmental ecology of urban males' youth violence［J］. Developmental Psychology，2003，39（2）：274-291.

③ Endya B Stewart. School structural characteristics，student effort，peer associations，and parental involvement：The influence of school and individual-level factors on academic achievement［J］. Education and Urban Society，2008，40（2）：179-204.

④ Sandra Beyda，Sydncy S Zentall. The relationship between teacher practices and the task-appropriate and social behavior of students with behavioral disorders［J］. Behavioral Disorders，2002，27（3）：236-255.

⑤ John Visser，Rachel Dubsky. Peer attitudes to SEBD in a secondary mainstream school［J］. Emotional and Behavioral Difficulties，2009，14（4）：315-324.

⑥ Mildred D'souza，Johnson Jament. Providing effective support to teachers in addressing social，emotional and behavioral difficulties in mainstream classrooms in a Bangalore Pre-Primary School［J］. SfL，2015，30（3）：239-251.

伤的儿童，这些儿童会试图把他们的感受传递给教师，以摆脱这种感觉，然而，这会消耗老师的精神甚至会影响老师的个人生活和人际关系①。儿童的情绪与行为问题主要与师生冲突关系有关，而与教师的情商知觉、社交情绪学习能力无关②。教师人际行为与儿童情绪、行为障碍之间存在显著相关性③。许多教师感到自己缺乏对教育此类儿童的知识，因此无法使用广泛的教学方法④。另外，教师的态度被视为影响同伴对其看法的关键因素⑤。儿童中未满足需要的发生率与教育者负面或概念化不良的观点的发生率存在相关性。总而言之，教育工作者在情感、认知和实践上往往没有充分的能力来满足 SEMH 儿童的需要。

同伴

身体残疾的儿童比 SEMH 需要儿童更容易被同龄人接受。他们很少会被认为能在学业上获得成功，需要更多的帮助，需要教师投入更多的时间来管理，结果遭到同龄人的拒绝。如果其行为具有破坏性并影响到同伴的话，会被同龄人彻底拒绝。同龄人所渴望的特质包括兴趣、经验和私人物品的分享、学术上的努力、运动能力（主要是男孩）、迷人的外表（主要是女孩）和共同的信念。他们通常不具备同龄人最渴望的特质。大多数学生表示他们不愿意在一个有同学伴随内化或外化行为的班级里，同伴对其行为问题持批评态度⑥。在小学阶段，他们被同伴所容忍的行为，到中学阶段可能会遭遇同龄人的集体回避⑦。同龄人对他们的看法存在性别差异，女孩的攻击性远不如男孩

① Corinne Syrnyk. The nurture teacher：characteristics，challenges and training［J］. British Journal of Special Education，2012，39（3）：146-155.

② Poulou Maria S. Students' emotional and behavioral difficulties：the role of teachers' social and emotional learning and teacher-student relationships［J］. International Journal of Emotional Education，2018，10（2）：146-153.

③ Maria Poulou. Teacher-student relationships，social and emotional skills，and emotional and behavioral difficulties［J］. International Journal of Education Psychology，2015，4（1）：84-108.

④ John Visser，Rachel Dubsky. Peer attitudes to SEBD in a secondary mainstream School［J］. Emotional and Behavioral Difficulties，2009，14（4）：315-324.

⑤ Christina Short，Barbara N Martin. Case study：attitudes of rural high school students and teachers regarding inclusion［J］. The Rural Educator，2005，27（1）：1-10.

⑥ John Visser，Rachel Dubsky. Peer attitudes to SEBD in a secondary mainstream school［J］. Emotional and Behavioral Difficulties，2009，14（4）：315-324.

⑦ Abrams D，G Randsley de Maura，P Hutchison，G Tenday Viki. In the social psychology of inclusion and exclusion［M］. New York：Psychology Press，2005：68.

容易被同龄人接受。患有多动症的女孩面临更强烈的社会排斥①。注意力不集中、情绪低落、容易激动的儿童往往不那么受欢迎②。

SEMH 需要儿童的教育经历有其显著的特点，其中一个是被欺凌的经历。表现出社交或情绪困难的儿童是教育系统中最易受攻击的个体。SEMH 需要和被欺凌之间有着直接的联系。他们更容易被同龄人拒绝，且通常不受欢迎，特别容易受到欺凌。当他们作为受害者或者施暴者参与欺凌时，可能会经历社交、情绪和行为问题的恶化③。学校因无法应对儿童的极端行为，使他们被排除在主流教育之外，经常面临着被边缘化的风险④。

（二）中系统

促进儿童发展的不仅仅是单一环境，更重要的是环境之间的相互关系在人类发展中起着决定性的作用。环境之间支持性的联系会产生更大的健康发展潜力。

生态系统理论模型的第二个层次是中系统。中系统是指个体所处的微系统之间的联系或相互关系。布朗芬布伦纳认为，如果微系统间有较强的积极的联系，儿童的发展可能实现最优化。相反，微系统间非积极的联系会对个体产生消极的后果。家长和教师之间的协调对儿童的社交和情感发展至关重要，特别是当他们进入小学和走出小学时。当社交和情感发展被忽视或管理不好时，不仅对儿童的心理健康有害，而且对他们的学习成绩也有害。有严重行为问题的小学适龄儿童面临未来反社会和犯罪的高风险，其父母和学校工作人员之间的沟通交流常常是有问题的，父母有时会觉得家校联系很麻烦或是非支持性的。良好的家校沟通关系有助于发展成功的方法来支持儿童⑤。

---

① Dara R Blachman，Stephen P Hinshaw. Patterns of friendship among girls with and without attention deficit/Hyperactivity Disorder［J］. Journal of Abnormal Child Psychology，2002，30（6）：625-640.

② Sue Walker，Donna Berthelsen，Kym Irving. Temperament and peer acceptance in early childhood：sex and social status differences［J］. Child Study Journal，2001，31（3）：177-192.

③ Garry Hornby. Bullying experiences of students with social，emotional and behavioral difficulties（SEBD）［J］. Educational Review，2016，68（2）：207-221.

④ Latha Hackett，Louise Theodosiou. Mental health needs in schools for emotional，behavioral and social difficulties［J］. British Journal of Special Education，2010，37（3）：148-155.

⑤ Madeleine Stevens. School-based support for children with conduct disorders：a qualitative longitudinal study of high-need families［J］. British Educational Research Journal，2018，44（5）：781-801.

当学校和家庭密切合作时，儿童会受益。这些好处包括儿童更好的表现和考试成绩，更好的出勤率，更好的人际交往技巧，以及更负责任的行为决策。当家庭和学校对教育的价值、对绩效的期望，以及对教育规划的支持保持一致时，儿童积极的学习习惯将最大化[①]。

（三）外系统

要理解儿童SEMH需要发生的多重因素，需要将其嵌入在更大的社会单元中进行考量。外系统是指个体并没有直接参与但却对个体产生影响的系统。在理解外系统因素对SEMH需要儿童产生的影响时，必须指出的是这些因素是在更大的社会环境变化过程中的“副产品”，儿童并不直接参与其中。

社会支持系统的瓦解。20世纪50年代的孩子多半住在大家庭的环境里，离祖父母、叔叔伯伯阿姨、堂表兄弟很近，他们常常可以互动。现在的孩子几乎不可能有任何的亲戚住在附近，他们被单亲抚养的几率也比以前高很多[②]。

家庭社会经济地位低下。经济条件比较优越的家庭可以为孩子提供较好的学习和生活条件，可以满足孩子更多的物质需要（如物质享受、外表美化、休闲娱乐等）和精神需要，孩子没有生活压力，有更高的自尊心和自信心，幸福感较高[③]。家庭社会经济地位低下的儿童更易表现出行为和情感上的困难，在童年早期，这种消极影响更多的反映在儿童外化行为问题或反社会行为上，如不服从、打架、同伴关系恶劣、易怒等。到青少年期，社会经济地位低下与较差的适应能力之间有显著的相关性，对抑郁和犯罪行为有着更强的预测作用。经济压力和来自社会的压力会导致父母的抑郁、焦虑水平的提高，父母冲突增多，这些因素进而会影响父母的教养方式，使不良的教育方式增加。长期的贫穷会降低父母的效能感，使父母的挫折沮丧感更强，更容易发生婚姻冲突，使父母对子女的要求和变化不敏感，这些都容易造成青少

---

① Evanthia N Patrikakou, Roger P Weissberg, Sam Redding, *et al*. School－family partnerships for children's success [M]. New York: Teachers College Press, Columbia University, 2005: 38.

② 洪兰. 浮萍男孩——发现男生缺乏动机的因素，再造独立负责的男儿本色［M］. 台北：远流出版社，2008：158.

③ 谭春芳，邱显清，李焰. 初中生幸福感影响因素的研究［J］. 中国心理卫生杂志，2004，18（10）：723-725，731.

年焦虑、沮丧，出现较多的行为问题，学业成就也较低①。家庭社会经济地位不仅影响儿童的认知发展水平，也能够影响儿童的社会性、心理健康、情绪情感等方面的发展。

儿童生活的环境条件直接影响他们的学习和身心健康。家庭住房拥挤、住房费用昂贵的问题（即住房费用占家庭收入的30%以上），生活在不符合清洁空气质量标准的地区或在粮食资源无保障的家庭中，无家可归、高流动性，仍然是学龄儿童的问题。生存环境的不确定性、流离失所时间的不断延长、日常生活中的种种困难和长期解决方案的缺失，让儿童青少年更容易感到绝望和痛苦。使问题复杂化的是，所有儿童在学业上获得发展并发展成健康、有生产力的成年人所需的额外支助和资源往往不足。数十万儿童在等待儿童保育援助方案，目前只有 1/7 的儿童有资格得到援助。当儿童入学时，对儿童保育的需要不会结束。由于许多家长身处劳动大军中，无数孩子放学后无人看管，他们更有可能从事危险行为，如吸烟、酗酒、性或犯罪（例如，青少年暴力犯罪在下午 3 点之间达到高峰）。父母的工作、家庭资源、邻里关系，以及家庭和社区的其他社会和经济变量会影响学生的成绩、社交和情感发展②。

社区特征。由于家庭和学校镶嵌于社区环境之中，社区环境对儿童青少年行为的影响及其个人成长的重要性不言而喻。一个不安全的社区环境可能因缺乏有效的成年人监督或同伴的不良影响而导致儿童青少年 SEMH 需要的发生。青少年接触社区暴力已被发现与一些有问题的心理健康症状相关，如创伤后应激、焦虑和抑郁症状，以及攻击性行为。在高风险社区，父母更可能专注于保护子女免受这种环境的负面影响和后果，而不是其他发展问题。这些父母不一定与子女交往较少；相反，他们选择将养育子女的影响集中在保护上，而不是放在人才或成就发展上。在低风险社区，危险问题较少，而且通常有更多的资源（如课外项目、娱乐项目、舞蹈和音乐等丰富活动），家长可以利用这些资源帮助培养孩子。受教育程度较低、工作地位低、社会支

---

① 郑信军．聚焦处境不利学生：社会性发展研究的对象关注［M］．杭州：浙江大学出版社，2007：181.

② Evanthia N Patrikakou，Roger P Weissberg，Sam Redding，*et al.* School－family partnerships for children's success［M］. New York：Teachers College Press，Columbia University，2005：27.

持程度低、情商或社交能力低、财力低的父母往往居住在高风险环境中。这些家长在协助子女开展教育或与学校有关的活动方面面临更多挑战。

大众传媒。当前，大众传媒的传播者利用各种媒介，广泛、迅速地传播不利于儿童及青少年健康成长的信息，比如暴力情节和画面，在电视、电影、书刊、音乐、广告、新闻中"无孔不入"，攻击性的"榜样"无处不在，特别是电脑游戏的暴力倾向逐步升级。电脑游戏对于心智尚未成熟，对电脑游戏缺乏理性认知的儿童青少年的吸引力尤其大。媒体和网络带来的对"虚拟世界"的偏执或迷恋等，使儿童很少去体验大自然，从而使他们产生更多的焦虑、紧张感和压力。而广泛使用视频游戏，体验极端暴力视频和电影，则会导致儿童在面对挑战性形势时，更容易做出攻击性的行为反应。

（四）宏系统（社会文化因素）

在讨论儿童 SEMH 需要的问题时，还必须认识到来自更远端系统——宏观系统的影响。例如，立法、学校改革、资金投入和对工薪家庭的支持，对儿童的日常表现，以及建立和维持伙伴关系的协同努力都有很大的影响。有研究发现，社会支持水平与留守儿童的情绪行为呈负相关，主观支持、支持利用度对于留守儿童的情绪行为问题均具有负向预测作用。高社会支持水平下的留守儿童比低社会支持水平下的留守儿童具有较少的情绪行为问题，低社会支持水平的留守女生较男生存在更多的情绪问题①。

展示教育价值的一个方法是通过公共资金，无论是教师工资、教室材料和用品、技术还是安全的物理结构，都需要做好保障。另一种展示教育价值的方式是企业或公司领导者对在职父母的支持。制定有利于家庭的政策，例如允许弹性工作时间和提供负担得起的儿童保育和保健福利，为家庭提供支持其子女受教育的机会。改变学校人员的职前教育，将教育成果的共同责任放在教育的优先位置。与此同时，增加对 SEMH 需要儿童的文化包容性。

总结

儿童 SEMH 需要是一个系统的问题。儿童所面临的、相互之间存在交互

---

① 江琴，Bjorn Albin. 初中留守儿童社会支持特点与情绪行为问题的关系 [J]. 中国学校卫生，2014，35（3）：325-327.

影响的“双重风险”：其一是个体自身所携带的固有风险或素质——可能是行为特征（如困难型气质、冲动性）、生理或内表型（如对压力的高生化物质反应）或先天基因（如 5-HTTLPR 的短等位基因），另外则是环境中的压力因素（如不良的照料）①。儿童 SEMH 需要发生的影响因素是综合性的、多层面的，且不同层面的影响因素之间层层渗透、紧密关联，需要从微系统到宏系统进行全面系统的思考。因此，在解决儿童 SEMH 需要时，不仅应关注儿童的个性禀赋，与此同时，也应注意儿童所处的环境。依据生态系统理论模型，有必要分别从家庭、学校、社区环境、家校关系、父母单位的环境、社会政策及社会意识等多个层面出发，囊括从微观到宏观，从更为完整和系统的角度对儿童进行分析。另外，由于时间系统的存在，微系统及其子系统对于儿童的影响应该是一个动态的过程，但目前尚缺乏将微系统中几个子系统同时考察的研究。未来的研究可以考察在儿童发展的不同阶段，究竟是微系统中哪一个子系统对困难的形成更为明显，深入了解微系统的动态变化过程，开展更多的定性和定量研究，以及横向和纵向调查，以揭示儿童 SEMH 需要的发生机制。与此同时，从当地环境的特征出发，结合我国教育、法律制度和文化背景等进行考量，探讨帮助他们的一套系统解决方案，在开放、动态的环境中使其获得成长与发展。

二、超前教育可能会引起脑功能失调

超前教育思想的产生，可追溯到苏联著名心理学家维果茨基提出的超前教学理论。他认为儿童在教学中的发展可分为两个水平，一是现有发展水平，二是潜在的发展水平，即“最近发展区”。维果茨基积极倡导教学应从最近发展区开始，促使儿童运用其自身的能动机制去超前学习有关内容。苏联教育家赞可夫继承和发展了维果茨基的这一思想，他认为“教育不能原地踏步，应走在时代发展的前面，经常保持小跑的速度”。他提出了“高难度和高速度发展教育”等一系列体现这一思想的原则和方法。超前教育思想得到了初步

① 王燕，孙芯芸，陈矜之，等. 兰花型、蒲公英型还是郁金香型？环境与神经生物特征对儿童发展的影响 [J]. 心理技术与应用，2022（7）：437-448.

的确定。

捷克教育改革家和教育理论家夸美纽斯的“教育要顺应自然”的思想，要求要尊重儿童的自由，让儿童享有充分自由活动的可能和条件，并在教学过程中采取自然、自由的教学方法以适应儿童的身心发展水平和个别差异。法国哲学家、教育家卢梭的自然教育思想，也强调教育要顺应儿童的身心发展特点和自然发展规律进行教育。美国心理学家格塞尔的同卵双生子爬梯实验，说明了成熟对个体发展的影响，提出了教育要尊重儿童的实际水平，不要违背儿童发展的内在“时间表”。

美国最早的超前教育源于1868年密苏里州的圣路易斯计划，允许学业杰出的学生在不到8年的时间完成8年学校教育的所有学科内容。作为英才（超常儿童）教育中最普遍实行的方式之一，超前教育超越了年龄的限制，在为儿童提供相当水平的学习挑战的同时，也缩短了传统意义上儿童的上学年限。中国台湾对超常儿童也提供了提早入学、加速学习、缩短学业年限等教育服务。

德国并不存在“超前教育”的理念和做法，德国更加注重培养儿童的兴趣和修养。在澳大利亚，幼儿园分两种类型的学制供父母选择，一种是普通幼儿园，另一种被称作学前班。学前班就是一种“超前教育”，有教学大纲、教学目标，在作息上也和小学一致。对于一些双职工家庭，由于上班时间的限制、接送儿童的不方便，未必会送孩子去上学前班。而韩国非常热衷“超前教育”，一到假期，孩子们的生活基本就被各种“学院”塞满，这种“学院”大部分进行的是“超前教育”。

现如今，在中国，超前教育成为不少家长的选择。家长们把孩子送往社会上各种各样的“超前教育”机构，为幼儿园孩子量身定制各种超前课程，提前学习小学知识，如识字、读拼音、写汉字、做算术题等。在愈演愈烈的超前教育现象的背后，折射的是父母“不让孩子输在起跑线上”的集体焦虑。例如，某市的一位妈妈5年内花了十几万给孩子报了17个培训班，孩子5岁时就学完了小学二年级的课程，小托福考试全国第3名，而孩子每周只能休息半天，每天都要学到9点才回家。孩子在上一年级时成绩非常优秀，觉得老师讲的很简单。到了二年级成绩开始下滑，从班里的尖子生变成了中等生，孩子渐渐地开始厌学、不写作业，上课走神。超前教育、加速学习对智力超常的儿童来说可能是合适的，但对于普通孩子来说，则相当于揠苗助长，是对儿童的“催熟”。

超前教育对儿童的危害

一、过早使用教育媒体更易对学习造成阻碍

超前教育已覆盖多个年龄段，甚至蔓延至婴儿期。父母想让婴儿在学习速度上取得优势，有时会使用他们自己设计的结构化学习活动，如闪卡，来让他们的孩子更聪明。而大量的各种类型的婴儿玩具在进行市场推广时声称能够促进认知发展，教育类的电视节目也都承诺能够激发心智。这些措施真的有效吗？有证据显示并非如此，甚至在某些情况下事与愿违，对学习造成阻碍。

年龄稍大的儿童和成人以目标导向的方式获取信息，针对明确的问题寻找解决方案，而婴儿仅仅是以无计划的方式探索他们的周边。婴儿不会尝试去学习某个特定的技能或某套特定的事实。相反地，他们会被任何新颖的、出乎意料的或包含信息的事物吸引。他们的学习仅仅是跟随着自己对于探索周围世界的好奇心，这是婴儿早期脑发育的规律与特点。

教育类媒体不但对于提升认知发展无效，事实上还对其有所损害。研究发现，相比没有观看过教育类节目的孩子，在7—16个月大时观看了这类节目的孩子实际上表现为语言发展更差，知道的词和短语更少①。

越来越多的婴儿媒体产品声称可以教会婴儿阅读。将117名9—18个月大的婴儿随机分为实验组和对照组，实验组儿童接受婴儿媒体产品，包括DVD、文字、图片闪卡和字书，在7个月内每天使用。研究结果显示，尽管一些家长对研究项目的有效性表现出极大的信心，但婴儿并没有学会使用媒体阅读②。为婴儿设计的能发出光线、歌曲和文字的电子玩具可能会阻碍儿童的语言发展。当玩电子玩具时，父母和孩子之间的言语交流比使用简单的玩具或书籍时要少。与拼图和积木等更传统的玩具相比，电子玩具往往会减少儿童语言的数量和质量。

---

① Frederick J Zimmerman, Dimitri A Christakis, Andrew N Meltzoff. Associations between media viewing and language development in children under age 2 years [J]. the Journal of Pediatrics, 2007, 151 (4): 364-368.

② Susan Neuman, Gabrielle A Strouse, *et al*. Can Babies Learn to Read? A Randomized Trial of Baby Media. Educational Psychology, 2014, 106 (3): 815-830.

二、超前教育造成儿童认知与情意的失衡

以往的教育研究大多着重于儿童的认知发展，而随着多元智能及情绪智能等概念的出现，加之许多教育研究指出情绪能影响儿童的学习动机，继而影响认知学习，情意教育对儿童的成长及学习的重要性日益凸显。

超前教育虽然在短期内促进了儿童认知的快速发展，但会影响儿童情感和社会性的发展。过于强调认知学习，忽视情意教育，往往会造成儿童能力发展不平衡。比如儿童的运动技能，特别是精细动作，如果落后于认知概念能力，那么儿童可能从他们的“心灵之眼”中看到他们想要做什么、建造什么或者画什么，然而运动技能不允许他们实现目标，可能会导致强烈的挫折感和情绪爆发。由此可见，为了某一方面的提升而忽视全面发展，得不偿失。

三、超前教育导致儿童自由玩耍的缺失

父母过早地且频繁地把孩子送往各种培训机构，会剥夺儿童自由玩耍的时间和权利，对儿童的身心发展极为不利。玩耍是儿童发展内在兴趣和能力的主要手段，在玩耍中儿童可以学习如何做决定、解决问题、自我控制、遵守规则，学会调节自己的情绪与行为，学会交朋友，与他人平等相处，并体验到快乐。玩是儿童的工作和社交，在玩耍中，儿童逐渐发展出想象与思维、沟通与表达、宽容与理解和“输得起”的心理承受力，以及群体意识。一项研究发现，在过去半个世纪里，美国和其他发达国家，儿童之间的自由玩耍急剧下降。然而在同一时期，儿童、青少年和年轻人的焦虑、抑郁、无助感和自恋急剧增加。玩耍的减少导致了年轻人的精神机能障碍的上升①。

四、超前教育导致儿童心智成熟不足

儿童过早进入幼儿园会严重影响其大脑发育、情感发展、社会行为、认知能力的培养，另外他们的身体发育也迟缓，神经萎缩，脑发育异常，这些都与没能得到一对一的家庭关怀有关。

无论托儿所有多好，那些较早或较久待在托儿所的儿童在整个小学时期更容易出现攻击性行为，而且更不听话。这一针对 1364 名儿童、历时 10 多年的儿童护理方面的研究，比较了儿童从出生 1 个月大到 4 岁半所接受的护

---

① Deborah Lowe Vandell, Jay Belsky, *et al*. Do effcets of early child care extend to age 15 years? Results from the NICHD study of early child care and youth development [J]. Child Development, 2010, 81 (3): 737-756.

理的规模、类型和质量，并研究了直到儿童11岁前其情感和语言的发展。接受调查的小学教师们称，那些待在托儿所时间较长的孩子即便在11岁时，也会出现“容易打群架”“爱争吵”等问题①。

保护大脑，而不是简单地刺激大脑。稳定、激励和保护性关系的环境为儿童一生的有效学习奠定了坚实基础。当幼儿面临重大逆境时，压力反应系统过于活跃，成熟的大脑回路可能受损，代谢调节系统和发育器官可能被破坏，并且长期问题发生的概率会增加，包括学习、行为和身心健康。

结语：尊重儿童身心发展特点，使其在自然状态下达到大脑的和谐与平衡

在儿童发展过程中，需要一种更加平衡和综合的方法来丰富和保护儿童发育中的大脑，遵循儿童发展的顺序性和阶段性，尊重儿童的天性和身心发展特点，给予儿童更多的在自由世界里探索的机会，使其在自然状态下达到大脑的和谐与平衡。父母不应过度追求儿童对知识与技能的掌握，而应追求儿童有良好的习惯，丰富而强大的内心，以及面向未来发展的良好品质和无穷潜力。家长们要教孩子学会玩，在玩的过程中，注重培养孩子的组织协调能力、心理承受能力和独立性；教孩子学会沟通，培养孩子的自信心、倾听与交流、问题解决，以及与人相处、合作的能力；教孩子学会讲故事，培养孩子善良厚道的品德、思辨能力、语言表达能力、想象力和创造力；教孩子学会睡觉，让孩子拥有充足的睡眠、健康的身体，培养孩子管理时间的能力；教孩子学会吃，培养孩子健康的饮食习惯和对食物的自制力；教孩子学会付出，引导孩子参与家庭活动，多做家务，培养孩子理解父母的付出和勤劳的品格。

三、SEMH需要儿童早期成长历程中经历的三大“饥饿”

刺激饥饿（Stimulus-hunger）。早期刺激（Stimulation）是指通过与婴幼儿说话、一起玩耍和提供相应友好的环境对婴幼儿的精神和社会行为发展需求进行回应。看护者和婴幼儿进行与发育阶段相匹配的早期刺激活动，可以

① Jay Belsky, Deborah Lowe Vandell. Are There Long-Term Effects of Early Child Care? [J]. Child Development, 2007, 78 (2): 681-701.

促进儿童的心理行为发育①。缺乏刺激可能导致基本神经环路发育中断，给儿童早期发展带来消极影响②。如果在儿童早期成长历程中，亲子之间缺亲密、缺安抚、缺拥抱（躯体接触）、缺回应，儿童易存在刺激饥饿。刺激饥饿表达的是感觉和情感的缺乏，如果长期缺乏，会导致生物退化，比如儿童发育迟缓的现象。

认同饥饿（Identity-hunger）。婴儿时期的刺激饥饿部分转变为所谓的认同饥饿③。儿童长期得不到父母的认同，不被接纳、不被肯定、不被认可、不被欣赏、不被激励，甚至在成长过程中经常受到父母的责骂、斥责、恐吓、罚跪、被打甚至被打伤的情况，容易形成低自尊，以及心理健康问题。

结构饥饿（Structure-hunger）。结构饥饿（又叫时间结构饥饿）具有与刺激饥饿相同的生存意义。刺激饥饿和认同饥饿表达的是避免感觉和情感的缺乏，二者的缺乏会导致生物退化。结构饥饿表达的是避免无聊。人类永恒的话题是如何结构他醒着的时间。儿童一天中未结构化的时间一直持续，儿童就会感到无聊。如果未结构化时间一直持续，无聊就会变成情感缺乏的同义词并且导致相同的结果。

研究通过对 SEMH 需要儿童家长的访谈与分析，追溯儿童成长早期（0—3 岁）的养育情况。围绕三大“饥饿”（刺激饥饿、认同饥饿和结构饥饿），设计访谈问题，形成半结构化访谈提纲。在访谈过程中采用层层递进的方式对父母的回答进行追问，以深入了解儿童成长早期（0—3 岁）的养育状况，并做好访谈中的文字记录。有关“刺激饥饿”的问题：婴儿时期，拥抱孩子、回应孩子多吗？当婴儿哭的时候，父母是如何回应的？是否经常和孩子说话或逗乐？有关“认同饥饿”的问题：在父母眼里，孩子的优点有哪些？在成长早期，父母是否经常鼓励、赞美孩子？父母是否对孩子的兴趣、爱好感兴趣？有关“结构饥饿”的问题：孩子成长早期的生活是如何安排的，孩子是

---

① S H Landry, K E Smith, P R Swank. Responsive parenting: establishing early foundations for social, communication and independent problem-solving skills [J]. Developmental psychology, 2006, 42 (4): 627-642.

② K G Noble, N Tottenham, B J Casey. Neuroscience perspectives on disparities in school readiness and cognitive achievement [J]. The Future of Children, 2005, 15 (1): 71-89.

③ Eric Berne M D. 人间游戏—人际关系心理学 [M]. 田国秀，曾静，译 . 北京：中国轻工业出版社，2006：4.

怎么度过的？孩子是否表达过无聊？一天中，孩子运动、阅读、社交活动和游戏的时间大概是多少？玩电子产品的时间是多久？

选择了两组儿童家庭进行调研，一组为39个SEMH需要儿童家庭，一组为32个在集体环境中适应良好的儿童家庭，按照两组儿童在年龄、性别、班级相对均衡一致的原则选取。由班主任推荐，填写《长处与困难问卷SDQ》，结果显示：32名儿童的困难总分和亲社会行为分数在正常范围内，并辅以专业人员的课堂观察和与之交流，确认他们不存在SEMH需要，将其归为良好组；39名SEMH需要儿童的困难总分和亲社会行为分数在异常范围内，且困难已持续半年以上，对日常的生活学习、交友或课外活动造成干扰，将其归为SEMH需要组。

对两组儿童进行家庭调研和面对面的家长访谈。专业人员和教师走入儿童真实的家庭生活情境中逐一完成家访与调研，和父母面对面深度交流，了解两组儿童早期成长历程。每户家庭用时1—2个小时。

在整理资料过程中，遵循匿名原则，对受访儿童家庭信息进行代码化处理（代码由受访儿童的姓名首字母缩写和序号组成）。受访儿童家庭相关信息见附3.10和附3.11。

追溯儿童成长早期经历的“刺激饥饿”

以下为SEMH需要组和良好组儿童家庭在儿童成长早期（0—3岁）陪伴孩子、拥抱孩子、当婴儿哭的时候父母的回应方式，以及是否经常和孩子说话或逗乐的情况对比。

表3.1 关于“刺激饥饿”两组家庭访谈结果（典型回答举例）

SEMH需要组	良好组
我们当时在乡下租房，接触的人不多，孩子经常一个人，我（妈妈）要做工，和孩子说话的人特别少，和其他小朋友也不接触。（CHR-02的妈妈）	我们喜欢串门，经常抱着孩子走这家、去那家，只要我们外出，都会带着孩子，孩子2岁之前还是接触到比较多的亲戚朋友，这些亲戚朋友也都挺喜欢孩子的，会和他一起玩、抱抱他等。（LJT-44的妈妈）

续表

SEMH 需要组	良好组
孩子 1 岁之内，随他睡，不睡也罢，他醒了自己东看西看。我们都要忙。抱孩子少，他一个人在床上躺着。出生后一直睡小床，四五个月以后和妈妈一起睡。我们晚上 11 点收工，陪孩子很少。（CJE-04 的后妈）	2 岁之前，跟孩子说话是很多的，也经常抱下楼，让他和其他小宝宝一起玩。那个时候，我们每天固定时间下楼，上午 1 次、下午 1 次，一天有 2 个多小时的户外时间，跟很多妈妈和小宝宝在一起。（SXRY-49 的妈妈）
亲妈生下他，就走了，我（后妈）把他带大。孩子小时候被抱得不多。爸爸在上海工作，难得回来一次。家里有一个 80 多岁的奶奶，我还要上班，我上班的时候，孩子就跟着奶奶。奶奶年龄很大了，基本上孩子不出安全问题就很好了。（CJJ-05 的妈妈）	孩子 1 岁之前，我们抱得多的，只要家里人谁空了，就会去逗逗他、抱一抱，跟他一起咿咿呀呀。（XHC-53 的妈妈）
孩子 2 岁之前跟着外公，整幢楼就他们两个人。白天我们去上班，外公就带着孩子在楼里，附近也没什么人，接触不到外面的人。外公的话也很少，他顶多推着小车带着孩子在楼下转转，不太和周围的人接触的。（CJY-06 的妈妈）	孩子说话早，“爸爸”“妈妈”“爷爷”“奶奶”1 岁半就很会叫了，我们回应他也比较多。总体来说，孩子一两岁的时候，我们陪他的时间挺多的。（YLY-58 的妈妈）
他妈妈的话很少，平时不怎么说话，也不出门，孩子跟着妈妈可能受到了影响，1 岁之内未下过楼，妈妈对孩子的回应比较少，妈妈经常玩手机。孩子 10 个月的时候，妈妈就给孩子看电视了。（LJH-17 的爸爸）	我学过婴儿抚触。孩子 1 岁半之前，每天晚上给他背上和腿上按按、捏捏，他很喜欢的，按着按着，孩子就睡着了。（ZMH-61 的妈妈）
孩子一两岁的时候，给孩子买了很多玩具，让孩子自己玩玩具或者看电视，跟孩子说话很少，我（妈妈）和他爸爸之间也很少说话。姐姐上高中，平时不回来，家里很冷清，没人说话，只有电视的声音。（LYK-18 的妈妈）	我们知道噪音对孩子不好，所以，把我们的机器车间与睡觉的地方隔得比较远，孩子睡觉是听不到机器声音的。平时，轮流照看孩子，爷爷奶奶也来帮忙，不会让孩子一直一个人待着的。（ZMR-62 的爸爸妈妈）
怀孕的时候，我们就生活在机器嗡鸣的地方，每天 24 小时，天天如此，孩子从生下来到现在一直生活在这样的环境中，我们都习惯了这种声音。（WTY-26 的妈妈）	1 岁左右，当孩子哭了，我们就会抱抱、拍拍，抱她出去走一走，她喜欢看新鲜的东西，我们就尽量带她出去看看。（ZYH-66 的爸爸妈妈）

续表

SEMH 需要组	良好组
孩子从出生到现在，家里一直有机器的声音，全天开着，很吵。我上白班，他妈妈上夜班，两个人轮流看着机器，没有时间照看孩子。（YJJ-30 的爸爸）	家里有个姑姑做老师，孩子 1 岁左右，姑姑每天给她讲故事一直到现在。家里人很多，有 9 个人，家人都很开朗，一家人相处融洽，从没吵过架，说话也比较多，很热闹的。我们都喜欢孩子，经常陪孩子玩，孩子从小就在这样的家庭氛围里，性格也比较开朗。（ZYY-69 的妈妈和奶奶）

追溯儿童成长早期经历的“认同饥饿”

两组家庭在儿童成长早期（0—3 岁）认同孩子、肯定孩子、鼓励孩子、发现与欣赏孩子的长处与优点、是否对孩子有体罚、打骂的情况对比。

表 3.2 关于“认同饥饿”两组家庭访谈结果（典型回答举例）

SEMH 需要组	良好组
说起孩子小的时候，我还是蛮惭愧的。他小的时候，我要带两个娃，一个是他，一个是他妹妹。他看到我抱着妹妹上楼，他也要抱，我没办法抱他，他就哭，他一哭，我就很急躁、很生气，很用力地扯着他的衣服往五楼拽，他就这样被我拖着从一楼拽到五楼，我对他还是挺粗暴的。经常会吼他，觉得他做事情太慢、做不好，我的坏情绪给他带来不好的影响。所以，他小的时候就比较胆小、退缩、没有自信心。（CJY-06 的妈妈）	用我们大人的口吻跟孩子说，孩子不一定能接受。用他可以接受的话说，孩子比较能接受。（GZY-41 的妈妈）
我们教育孩子可能比较简单、粗暴一点，一般是用我们的强势把孩子压下去，孩子现在小，还是能压下去的。（HJZ-10 的爸爸妈妈）	孩子与父母意见不一致的时候，孩子坚持自己的对，父母要听孩子的解释，孩子有自己的想法。（LJH-43 的妈妈）
爸爸对孩子比较严厉，家里的东西不能动的孩子去动了，爸爸就会打他，爸爸不会听孩子的解释。爸爸的脾气很暴躁，对孩子是没有耐心的。（HZJ-12 的妈妈）	孩子需要平等对待，有时候大人需要听取孩子的意见。很乐意和孩子在一起，对孩子的兴趣爱好，我们大人也是感兴趣的。（LJT-44 的妈妈）

续表

SEMH 需要组	良好组
看不到孩子好的表现，觉得孩子好烦，老是来烦我（妈妈）。对孩子一点关注都没有，没有一点儿心思放在孩子身上，只是觉得他很闹腾。把我们惹烦了，他爸爸会打他，他能老实一些。有一次，孩子爸爸拿着剪刀想吓唬他一下，一不留心把他的胳膊划伤了，留下一道疤。我们平时看到的都是孩子的缺点和问题，真没发现孩子有什么优点……（LYK-18 的妈妈）	孩子喜欢画画，孩子把画拿给我们看的时候，我们都以鼓励为主，夸他画得好，让他做小老师教教我们，他也很开心、很愿意教我们的。（SXRY-49 的妈妈）
因为我们的文化程度不高，不想让孩子像我们一样。从小到大，孩子做错的时候，打他骂他基本上每天都有的。打他的时候，他不会争辩也不哭，让我们更加生气，就越想打他。（SYZ-24 的爸爸妈妈）	允诺她时，会满足她，不欺骗孩子。孩子喜欢当小老师，带着我们学早操，我们就跟着她一起学，她很开心的，因为这样她有价值感。（WJL-51 的妈妈）
孩子几乎每天都要挨打，因为吃饭的问题，每次都打，用衣架打。有一次把衣架都打歪了。（WTY-26 的妈妈）	孩子从小是我们自己带的，我们比较鼓励她，培养孩子要有自己的想法和主见，所以亲子游戏主要由孩子引导，大人配合完成，很少会对孩子发号施令。（XSH-55 的妈妈）
孩子犯错时，爸爸、爷爷或奶奶会罚他下跪或打他，这都成了我们的家常便饭，习惯了。（WYY-29 的妈妈）	孩子说得对的时候，我们会让孩子做决定，让孩子有自己做决定的机会，平时以鼓励、认可孩子为主，遇到困难，我们是先认可孩子的勇气和努力，然后再一起想办法。（XXH-56 的爸爸妈妈）
不清楚孩子有什么喜好和特长，只是偶尔表扬一下他，他好像也不太在意，一个人玩惯了。（ZJW-35 的爸爸）	孩子和爸爸之间是可以好好讲话的。在亲子游戏中，不会发号施令，主要听孩子的。以跟随孩子为主，当孩子做得不对的时候，我们会好好跟他讲道理。（ZYN-67 的妈妈）

追溯儿童经历的“结构饥饿”

两组家庭在儿童成长早期（0—3 岁）一日生活安排的情况对比。在社交机会、接触电子产品时间，以及参与家庭运动、阅读与游戏等方面进行对比。

表 3.3　两组儿童社交机会情况比较

（这里的社交机会指的是与家庭成员以外的人的社交活动机会，比如和邻居小伙伴一起玩或参加父母的社交活动。）

社交机会	SEMH 需要组	良好组
很少有社交机会（1 周 0~1 次）	31.25%	0
社交机会较少（1 周 2~3 次）	65.625%	6.25%
有一些社交机会（1 周 4~5 次）	3.125%	18.75%
社交机会较多（1 周 6~7 次）	0	68.75%
社交机会非常多（1 周 7 次以上）	0	6.25%

与良好组相比，SEMH 需要组儿童在早期成长历程中社交机会和次数较少。

表 3.4　两组儿童拥有的朋友数量比较

拥有的朋友数量	SEMH 需要组	良好组
没有朋友	25%	0
有 1~3 个朋友	68.75%	31.25%
有 4~6 个朋友	6.25%	59.375%
有 7 个及以上的朋友	0	9.375%

SEMH 需要组儿童拥有的朋友数量明显少于良好组。

两组儿童接触电子产品的情况

SEMH 需要组儿童最早接触电子产品的年龄全部在 2 岁以内，而良好组儿童大多在 2—3 岁这个年龄段。SEMH 需要组儿童经常、总是接触电子产品的人数明显多于良好组，SEMH 需要组儿童使用电子产品的时间，每天三四个小时至五六个小时不等，良好组儿童每天控制在 1 小时之内。良好组儿童的父母对儿童使用电子产品是有监督的，有时间限制（每次 15 分钟至 1 小时），父母会提出好玩的活动吸引孩子，SEMH 需要组儿童的父母对儿童使用电子产品往往缺乏监督，没有时间限制，电子产品成了儿童的保姆或生活的背景音，其早期生活缺乏丰富而有意义的联结，儿童大脑健康发育的三大营养素——运动、阅读、游戏明显缺失。

表 3.5 关于接触电子产品情况两组家庭访谈结果（典型回答举例）

SEMH 需要组	良好组
因为我们是做淘宝的，两台电脑要一直开着，孩子就在旁边看电脑。（GY-08 的妈妈）	监督孩子使用电子产品，每次 15—20 分钟。（CDY-40 的爸爸妈妈）
孩子一空下来，就要看 ipad、看手机，吃饭也要看。（HTY-11 的爸爸妈妈）	孩子几乎不看电视、不玩电脑，主要跟我（妈妈）和两个姐姐一起玩。（LJH-43 的妈妈）
我们陪孩子的时间很少，没办法，生活所迫。附近没有小朋友，他一个人在房间里看电视，电视一直开着，不想看了，他就搭积木，我和他爸很忙，没时间陪他……（从随访教师口中得知，父母口中的"很忙"，未必是真相。父母觉得自己很忙，闲下来的时候，父母也玩手机，不管孩子。）（HZJ-12 的妈妈）	放学后，奶奶会带孩子跳绳、拍球和附近的小朋友一起玩，不会让孩子一直坐在电视机前。（LJT-44 的妈妈）
孩子有自己的手机，他喜欢刷视频。我们觉得他也能从视频中学到东西，就给他玩，没有时间限制。（LCT-16 的爸爸妈妈）	允许孩子看电脑，用闹钟定时，15 分钟一次，闹钟响了就停止。如果动画片没看完，会延迟几分钟看完就关上。（LX-45 的妈妈）
孩子 1 岁左右就开始看电视了，每天四五个小时，现在不看已经不习惯了。（LJH-17 的爸爸）	周五至周日允许孩子玩电脑，每次半小时左右，周一至周五不接触电子产品。（XRX-54 的妈妈）
看电视看得多，都能看一天。孩子看电视的时候超级专注、安静，听不到外界的声音。爷爷奶奶非常宠孩子，爸爸不怎么管孩子的，我（妈妈）周一至周五在外地上班，只有周末回来能见到孩子……（SSJ-22 的妈妈）	我们家没有看电视的习惯，电视机已经成了摆设，手机也不怎么用。一家人在一起的时候，就是聊天、玩耍、出去散步、讲故事给孩子听。（YAX-57 的爸爸妈妈）
每天吃完晚饭，大人玩手机，孩子看电视。孩子最喜欢的就是看电视、玩手机。吃饭的时候，边上要有 ipad。孩子说不喜欢幼儿园，因为幼儿园里不能玩手机、电视也不能一直开着。（SYZ-24 的妈妈）	我们尽量不在孩子面前使用手机、电脑之类的，以免孩子跟着照样学样。平时会和孩子一起看他喜欢的动画片或认知类的节目，其他时间陪孩子玩游戏、读读书、到外面滑滑板车，或者带孩子和其他小朋友一起玩。（ZMR-62 的爸爸妈妈）
孩子每天看电视的时间很长，至少四五个小时，吃饭的时候电视也是开着的……（WTY-26 的妈妈）	和孩子做了约定，每天看 10—15 分钟的电脑，定时响了，关闭电脑，目前来看孩子能遵守这项约定。（ZSX-63 的妈妈）

续表

SEMH 需要组	良好组
孩子每天看电视至少五六个小时，反正电视机是一直开着的。晚上 11 点多不肯睡，在床上翻来覆去闹腾。（WYY-29 的妈妈）	家里的遥控器都藏起来，不给孩子看过多的电视。（ZSY-64 的妈妈）
家里有 8 个电子产品，4 台电视、4 部手机。家里的电视一天到晚一直开着。吃饭时看，其他时间也看，都习惯了。（YKC-31 的妈妈）	爸爸不给孩子手机玩，妈妈对孩子使用手机有限制的，每次最多玩半小时。（ZYH-66 的爸爸妈妈）
孩子在家就是要看电视、吃零食，一次看三四个小时，很少出去，也没有什么兴趣爱好。（YY-32 的爸爸和妈妈）	我们有约定的，只在周五晚上和周六晚上有看手机视频或看电视的机会，每次半小时至 1 小时，视频内容我们也是经过挑选的，对孩子有益的，才给孩子看。不会随便给孩子看不良视频或电视节目。（ZYY-69 的妈妈和奶奶）

表 3.6　两组儿童家庭运动（亲子运动或兄弟姐妹之间的运动）情况

家庭运动的频率	SEMH 需要组	良好组
无	18.75%	0
偶尔	34.375%	15.625%
有时	25%	34.375%
经常	21.875%	43.75%
总是	0	6.25%

每次家庭运动的时间长度，SEMH 需要组儿童以“半小时至 1 小时”为多，良好组儿童“少于半小时”的占比 18.75%，“半小时至 1 小时”的占比 59.375%，“1—2 小时”的占比 18.75%，“2 小时以上”的为 3.125%。SEMH 需要组儿童家庭运动的频率低于良好组儿童。

表 3.7　两组儿童家庭阅读（亲子阅读或兄弟姐妹之间的阅读）情况

家庭阅读的频率	SEMH 需要组	良好组
无	21.875%	0
偶尔	34.375%	18.75%

续表

家庭阅读的频率	SEMH 需要组	良好组
有时	25%	46.875%
经常	15.625%	18.75%
总是	3.125%	15.625%

每次家庭阅读的时间长度，SEMH 需要组儿童以“少于半小时”为多；良好组儿童“少于半小时”为 40.625%，“半小时至 1 小时”为 50%，“1—2 小时”为 9.375%。SEMH 需要组儿童家庭阅读的频率低于良好组儿童。

表 3.8　两组儿童家庭游戏（亲子游戏或兄弟姐妹之间的游戏）情况

家庭游戏的频率	SEMH 需要组	良好组
无	18.75%	0
偶尔	46.875%	9.375%
有时	34.375%	15.625%
经常	0	46.875%
总是	0	28.125%

每次家庭游戏的时间长度：SEMH 需要组儿童以“半小时至 1 小时”居多；良好组儿童“少于半小时”为 21.875%，“半小时至 1 小时”占比 31.25%，“1—2 小时”为 34.375%，“2 小时以上”占比 12.5%。SEMH 需要组儿童家庭游戏的时间明显少于良好组儿童。

表 3.9　关于“结构饥饿”两组家庭访谈结果（典型回答举例）

SEMH 需要组	良好组
孩子的生活比较单调，主要是在家里和附近老乡的孩子一起玩。我们白天都要工作，没人管他，我们文化程度很低，爸爸是小学毕业，妈妈没读过书，不知道怎么教孩子。吃饭的时候，他会回来，吃完饭又跑外面去玩，至于他们之间玩什么，我们也不太清楚。(CJE-04 的爸爸妈妈)	爸爸下班回家很晚，但孩子会等爸爸回家，和爸爸玩一会儿。生活上主要由我（妈妈）照顾，我没事情的时候也会陪他玩，平时主要跟哥哥玩，哥哥会教他。会让孩子做点家务，比如倒垃圾、洗菜。家里养过仓鼠，孩子很喜欢，也照顾它。(CDY-40 的妈妈)

续表

SEMH 需要组	良好组
爸爸每隔两周回家一次，我白天要上班，傍晚6点多下班。孩子和80多岁的奶奶在租住的房子里，基本上不出去，他自己玩玩具，或者看电视，主要看动画片。每天的生活基本是这样。周末我有时间的时候带他去外面打打羽毛球，生活比较单一。（CJJ-05的后妈）	睡前，我（爸爸）会跟孩子说说话、聊聊天，说说一天中发生的事情，一直听着孩子说，直到孩子睡着。（LGY-42的爸爸）
我（妈妈）每天最多只有40多分钟陪孩子，没上幼儿园之前，很少带他出去玩。爸爸不会带孩子，孩子也不要跟爸爸。（GY-08的妈妈）	爸爸像个小孩一样，和孩子一起跑、一起扮演奥特曼和怪兽，一起跑来跑去，像朋友一样。爷爷像个老小孩，周末会陪着孩子玩。经常带孩子串门，走这家、去那家。晚上睡觉时，我（妈妈）和孩子聊聊天，孩子很开心的。（LJT-44的妈妈）
孩子5个月时，妈妈就把孩子扔给了我（奶奶），妈妈喜欢到外面玩，经常几天不回家。因为这事，爸爸妈妈之间经常吵架。孩子3岁时，爸爸妈妈离婚，现在孩子跟着我，晚上爸爸回家跟孩子说几句话。白天，她和我在家里，我要打扫卫生，她就在客厅里看电视或画画。（GZN-09的奶奶）	孩子从小最喜欢画植物大战僵尸，我们就一起画、用橡皮泥捏。经常跟孩子聊天，说说玩了什么、有没有交到新朋友。我（妈妈）走到哪，孩子就跟到哪，都会带着孩子的。（SXRY-49的妈妈）
我们上下班的时间比较特殊，开棋牌馆，上班晚、下班也晚，周末也上班，平时见不到孩子，孩子都跟着爷爷奶奶，孩子一空下来，就要看ipad、看手机，吃饭也要看。（HTY-11的妈妈）	爸爸妈妈轮换着陪孩子，有空时就陪孩子玩，忙的时候让孩子等一下，允诺她时，会满足她，不欺骗孩子。（WJL-51的妈妈）
他一直没有固定的玩伴，因为附近的小朋友经常搬走，在班里小朋友比较排斥他，不喜欢和他玩。周末放假了，基本上就在家里，看看电视，搭搭积木，我们在楼下忙活，他一个人在楼上开着电视，一边听电视里的声音，一边玩积木。他一个人可以玩很久。我们也不太去关注他。（HZJ-12的妈妈）	只要父母在家，都会陪孩子的，和孩子一起玩角色扮演游戏和亲子阅读。和小朋友玩得比较多，亲戚家的孩子、小区里的孩子经常在一起玩。平时爸爸照顾得比较多。爸爸体力比较好，会带他出去户外运动，从小就体验到好多种运动项目。不会让孩子一直坐在屏幕前面。（XSH-55的妈妈）

续表

SEMH 需要组	良好组
孩子小时候都是爷爷奶奶在管，我们没插过手。包括晚上孩子也是和爷爷奶奶睡的。我们自己都还像个孩子，对于小朋友要读什么书、做什么样的运动、做什么样的游戏，我们是不清楚的。有时候会给他买玩具，孩子玩玩具的话，玩不了几次就不玩了。白天在爷爷奶奶家应该是经常看电视，老人嘛，不可能带着他这里玩、那里玩的，老人都比较宅，不太带孩子出去的。（JCH-13 和 JZB-15 的妈妈）	每天陪孩子运动、一起做游戏，睡前爸爸都会陪孩子读绘本，每次 1 小时左右。当孩子表达想和我们玩了，我们都会说“可以的”。（YLY-58 的妈妈）
孩子的爸爸基本不带孩子。孩子白天跟爷爷奶奶、晚上跟我（妈妈）。爷爷奶奶很溺爱孩子，孩子 1 岁以内未下过楼，1 岁以后和其他小朋友很少有接触……（JQ-14 的妈妈）	经常跟孩子讲爸爸、妈妈小时候的事情，孩子挺感兴趣的。睡前和孩子聊聊白天发生的事。爸爸主要带孩子一起运动，跟哥哥一起玩，哥哥有很好的示范作用，哥哥会教弟弟。孩子活泼、开朗、热情、独立、勇敢，兴趣爱好比较多。（YYX-60 的妈妈）
我们陪孩子的时间很少，附近也没有小朋友，他一个人在房间里看电视，电视一直开着，不想看了，他就在房间里跑来跑去或者叫来叫去。我和他爸很忙，我要加工羊毛衫，他爸爸要送快递，两个人从早上忙到深夜，没时间陪他……（LYK-18 的妈妈）	小区里小朋友很多，十几个孩子经常一起玩，孩子每天很开心的。晚上跟着我们去散步、到广场上玩玩，周末会带他到大自然里认识植物和动物，他很喜欢的，生活一直是比较充实的。（ZMH-61 的妈妈）
我（妈妈）在外地工作，一周回来一次，孩子从出生至现在，基本上是爸爸和爷爷奶奶管。他一天做些什么，我不太清楚。平时，我很少跟他视频电话，基本上是他自己在家玩的。老人免不了给他看电视，而且孩子每天会看很久。（SSJ-22 的妈妈）	爸爸每天给孩子讲故事，每次一两个小时。爸爸对孩子很尽心，也很有耐心。带着孩子去公园玩，看小草小花；去动物园，看大象狮子老虎；带孩子捉小鱼小虾，玩水，孩子特别开心；爸爸还会带领一群小朋友玩老鹰捉小鸡的游戏，孩子很喜欢爸爸，包括其他小朋友也喜欢这个“爸爸”。我就是每天变着花样给孩子做早饭、中饭。（ZMR-62 的妈妈）

续表

SEMH 需要组	良好组
附近没有小伙伴，就和表妹在院子里跑来跑去一起玩。一直以来的生活是这样的。（WJC-25 的爸爸）	我（妈妈）主要带孩子散步、运动，和孩子一起跳操，每天如此。在家的时候，姐姐带着她一起玩过家家游戏、一起看书，家里书很多。自己能做的事情都让她自己做。（ZSY-64 的妈妈）
我（爸爸）经常加班，回到家孩子已经睡了，平时我和他妈妈没有周末，陪孩子的时间很少。在家里就哥哥和他在一起，爷爷奶奶管不到他们，孩子也不听爷爷奶奶的。白天基本上比较无聊，老人管不了他们，就给他们看电视，这样他们能安静一些。（WX-27 的爸爸）	在家里，爸爸陪她捉迷藏，我（妈妈）主要带她出去找小伙伴玩。每天晚上跟孩子讲半个小时的故事，每天和孩子沟通，问问孩子的心情、是否和小伙伴一起玩。平时会教孩子倒垃圾、浇花、理东西，孩子很小的时候，就带着她一起做，她也很喜欢的。（ZYH-65 的妈妈）
我们陪孩子的时间实在太少了，有时候想想自己挺对不起孩子的。白天基本上就他一个人，没人跟他说话，周边也没有其他小伙伴，比较孤单。这几年就是这样过来的。（WYY-29 的妈妈）	爸爸每天和孩子有共处的时间。爸爸经常陪孩子，平时会教教孩子。哥哥也会教孩子，哥哥教孩子时很有耐心。（ZYH-66 的妈妈）
我和他妈妈在孩子一岁左右的时候离婚了，孩子归我养。为了生活，我一天要打两份工，孩子跟着奶奶，等我打完工回到家几乎是深夜十一二点，孩子是照顾不到的。老人带孩子基本上能让孩子吃饱饭、保证他的安全就已经很好了。（ZCX-33 的爸爸）	晚上爸爸陪孩子玩一会儿，白天主要跟着我，我去哪都尽量带着孩子，比如串门，找村子里的小朋友一起玩。（ZYN-67 的妈妈）
她（孩子）胆子小，家里来客人了，就远远地躲起来。平时带她出去的比较少，不太接触人，主要在家里和哥哥玩。玩 ipad 没有限制，基本上是由着她的。（ZH-34 妈妈）	妈妈有空的时候都会陪孩子玩，妈妈忙的时候，奶奶陪着，经常带她出去玩。睡觉前，跟孩子聊聊在幼儿园里发生的事情。家里有个姑姑，很权威，孩子比较听姑姑的话。姑姑经常给她讲故事、做游戏、学知识。（ZYY-69 的妈妈和奶奶）

续表

SEMH 需要组	良好组
孩子七八个月时，父母（父母均为二婚）离婚了，孩子跟着我（奶奶）长大。他爸爸喜欢赌博，不管孩子的。孩子 4 岁时，爸爸又结婚组建了新家庭，现在又生了孩子。爸爸每个星期最多有 3 个晚上回来吃饭，吃完晚饭回自己的新家。孩子和我相依为命。孩子在家就是要看电视、吃零食，很少出去，也没有什么兴趣爱好。我有糖尿病七八年了，关节痛也带不动他。(ZJW-35 奶奶)	爸爸会陪孩子看书，不玩手机。爸爸只要有时间都会陪的。姐姐也会陪她。晚饭后，跟着姐姐在小区里散散步。孩子比较喜欢画画，从小就有自己的兴趣爱好。(ZZH-70 的妈妈)
孩子从小跟着我在老家长大，爸爸在外地打工。在孩子 2 岁左右的时候，我把孩子带到爸爸打工的地方，我也跟着爸爸一起做工(加工羊毛衫)。当孩子找我们来玩的时候，我们几乎都是拒绝他，嫌他烦。后来他就不来找我们大人玩了，基本上是一个人玩玩积木、看看电视、玩手机。平时，我们很少带他出去找小朋友玩。我（妈妈）也有做得不好的地方，比如晚上休息的时候，我经常在孩子面前打游戏，孩子看我玩，他也会凑过来看。有时我会赶他走开，但是他就去打开电视看。一天下来，他至少有五六个小时在电子屏幕前。(ZTH-37 的妈妈)	家里有游戏时光，两个孩子和我（妈妈）、爸爸、外婆围在一起玩游戏。每天必翻书看，家里有 200 多本书，每天亲子阅读半小时至 1 小时。(ZZH-71 的妈妈)

小结

与良好组儿童相比，SEMH 需要组儿童在早期成长历程中存在较为明显的刺激饥饿、认同饥饿和结构饥饿。他们在早期成长过程中缺乏情感安抚与回应，缺少认同、经常受到惩罚，生活中大量的时间充斥着电子产品。

SEMH 需要组儿童在成长早期出现不同程度的“刺激饥饿”，比如缺乏拥抱、缺乏父母的逗乐、缺乏大人的关注、安抚或回应，生活在环境单一或机器嗡鸣嘈杂的地方。而良好组儿童在成长早期未经历“刺激饥饿”，他们的父母经常拥抱他们、逗乐、安抚和回应他们，即使家里有机器嗡鸣声，父母也较为注意尽量规避噪声给幼儿带来的负面影响，比如将幼儿的卧室安排在远离机器操作间的位置。

SEMH 需要组儿童经常受到父母的责骂、恐吓、罚跪、被打甚至被打伤的情况，很少受到鼓励、肯定、接纳或认可，存在“认同饥饿”。而良好组儿童能经常得到父母的积极关注、理解、包容、认可与回应。研究发现，童年期的负性经历累积水平（情感虐待、躯体虐待、躯体忽视，以及家庭暴力）会显著增加抑郁，焦虑，以及焦虑抑郁共病的风险。童年期负性经历每增加一项，抑郁发生的风险增加 41%，焦虑发生的风险增加 26%，焦虑抑郁共病发生的风险增加 48%。随着童年期负性经历的增加，焦虑和抑郁的得分水平也增加①。对儿童青少年的责骂和忽视可能会对儿童青少年的心理健康产生不良影响。家暴对儿童青少年身体和心理产生很大的不良影响。哭闹、故意破坏物品、做出威胁的行为等都是儿童青少年心理应激的表现。在家暴环境中长大的儿童青少年多带有严重的心理问题，对成年后的生活仍有不良影响。经常遭受暴力的儿童青少年出现较多情绪问题、品行问题、同伴交往问题，表明遭受家庭暴力的儿童青少年易出现精神疾病，例如，儿童情绪低落，睡眠障碍和恐惧。暴力易使儿童青少年难以控制自己的脾气，不愿意听别人的劝告，固执，一意孤行，说谎比较多②。

从两组儿童社交机会多寡、接触电子产品的时间、运动、游戏与阅读的时间等几个方面进行比较得知：SEMH 需要组儿童成长早期存在时间结构饥饿，他们的生活充斥着大量的电子产品，缺乏运动、学习、阅读、游戏、户外体验与社交活动等；而良好组儿童的早期成长生活内容更加丰富、充实、有意义。以往研究发现，青少年休闲无聊与短视频使用呈显著正相关，个体无聊水平较高时倾向于寻求刺激，以保持较高的兴奋水平③。在休闲时间感受到无聊的青少年所受刺激不足，他们可能会寻求增加刺激的行为。随着短视频的风靡，有趣、易得的短视频容易成为青少年摆脱休闲无聊的手段④。另有研究发现，儿童孤独感、自卑感和社交焦虑三维度之间呈现正相关，孤独感

① 屈光波．童年期正性与负性经历对中小学生焦虑抑郁的影响及炎症负荷的中介效应研究［D］．安徽医科大学，2022：5-6.

② 金光．家庭暴力对儿童青少年心理健康及行为的影响研究—基于 SDQ 问卷［D］．东南大学，2018：27-29.

③ Ya li Zhang，Sen li，Guo liang Yu. The longitudinal relationship between boredom proneness and mobile phone addiction：evidence from a cross-lagged model［J］．Current Psychology，2022，41：8821-8828.

④ 骆帼婷，郭菲，陈芷妍，等．休闲无聊和青少年短视频使用的关系：一个有调节的中介模型［J］．教育生物学杂志．2022，10（5）：411-417.

可以有效地判断儿童的自卑感和社交焦虑情况，即孤独感体验高的情况下，个体的自卑感和社交焦虑水平也会相应上升①。

附儿童基本信息表

表 3.10　SEMH 需要组儿童基本信息

儿童代码（姓名首字母缩写和序号）	基本情况	主要困难	家庭背景
BRZ-01	男，5 岁，中班，独生子女	社交困难、情绪管理困难、适应能力弱。经常出现同伴之间的冲突	本地家庭。主要由母亲养育，父亲常年在部队，一年有半个月的时间回家探亲。母亲在网上售卖家用电器
CHR-02	男，5 岁，中班，排行老二	社交困难、情绪管理困难、适应能力弱	外来务工人员家庭。父母以加工羊毛衫为生计
CHR-03	男，3 岁，小班，独生子女	社交困难、情绪管理困难，出现咬人行为	本地家庭。父母在当地打零工
CJE-04	男，6 岁，大班，排行老三，上有两个上小学的姐姐	社交焦虑、情绪管理困难。之前未接受过正式的幼儿园教育，小班、中班没有上，直接上大班	外来务工人员家庭。父母以加工羊毛衫为生计
CJJ-05	男，5 岁，中班，有一个同父异母的姐姐，姐姐已 16 岁，平时不来往	社交困难、教室适应能力弱	外来务工人员家庭。母亲生下他就走了，他跟着奶奶和养母长大。父亲在上海开大货车，两周左右回家一次，母亲在当地一家超市做超市仓库管理员
CJY-06	男，5 岁，中班，排行老大，下有一个 2 岁多的妹妹	社交困难、情绪管理困难、适应能力弱	外来务工人员家庭。父亲以安装空调为生计，母亲专职带娃，没有工作
CYC-07	男，5 岁，中班，排行老大，有一个 4 个月的弟弟	社交困难、情绪管理困难	本地家庭。家庭养育观念不一致。父亲在当地一家公司上班，母亲在当地一家公司做会计

① 刘潇荃，田歆悦，郭卫东，等．高年级小学生孤独感、自卑感与社交焦虑的关系研究［J］．秦智．2023，4：113-115.

续表

儿童代码（姓名首字母缩写和序号）	基本情况	主要困难	家庭背景
GY-08	男，5岁，中班，排行老二	社交困难、情绪管理困难、班级适应能力弱，经常出现干扰课堂、干扰他人的行为	外来务工人员家庭。父母以在网上售卖吊顶材料为生计
GZN-09	女，5岁，中班，独生子女	分离焦虑，经常哭泣，情绪管理困难	本地家庭，父母离异，跟随爷爷奶奶、爸爸生活。最近爸爸又谈了恋爱，对孩子的关注极少。父亲在当地打零工
HJZ-10	男，5岁，中班，独生子女	社交困难、情绪管理困难、适应能力弱	外来打工家庭。小时候主要跟着外婆长大，父母长年在外打工
HTY-11	男，5岁，中班，独生子女	社交困难、班级适应能力弱	本地家庭。隔代养育，跟随爷爷奶奶长大。父母以开棋牌馆为生，晚上下班要至凌晨
HZJ-12	男，5岁，中班，排行老大，下有一个3岁左右的妹妹	社交困难、情绪管理困难、适应能力弱，在教室地面上爬来爬去，不听从指令、不遵守规则	外来务工人员家庭。父母在当地以卖酒水的小生意为生计
JCH-13	男，6岁，大班，排行老大，下有一个4岁的弟弟	社交冲突、行为易干扰到他人或伤害到他人	本地家庭。隔代养育。父亲为公交车司机，母亲在当地打零工
JQ-14	女，5岁，中班，独生子女	社交困难、适应能力弱、发展落后	本地家庭。隔代养育。父亲为仓库管理员，母亲在镇上的商场销售手机
JZB-15	男，4岁，小班，排行老二，上有一个6岁的哥哥	社交冲突、冲动行为，易干扰他人和集体，伤害到他人	本地家庭。隔代养育。父亲为公交车司机，母亲在当地打零工
LCT-16	男，5岁，中班，排行老二，上有一个上小学的哥哥	社交困难、情绪管理困难、适应能力弱	外来务工人员家庭。父母以加工羊毛衫为生计，羊毛衫淡季时，父亲在当地做装修工
LJH-17	男，6岁，大班，排行老二，有一个同母异父的哥哥，只在过年回老家的时候能相见	社交困难、适应能力弱	外来务工人员家庭。母亲离过一次婚，后和他的爸爸结婚后生下他。全家以加工羊毛衫为生计

续表

儿童代码（姓名首字母缩写和序号）	基本情况	主要困难	家庭背景
LYK-18	男，5岁，中班，排行老二	社交困难、情绪管理困难，易激惹，易与老师、同伴发生冲突，难以融入班级环境、不参与学习活动，经常跑离教室，躲在走廊角落里	外来务工家庭。父亲为快递公司职员，母亲在家打零工，姐姐读高中
LYY-19	男，5岁，中班，排行老二	注意力欠缺多动倾向，易与他人产生冲突，难以遵守规则	本地家庭。经历过父婴分离和母婴分离。隔代养育，跟着奶奶长大。父亲开了一家小工厂，母亲在小工厂帮忙
MXT-20	男，4岁，小班，排行老二，上有一个上小学一年级的哥哥。	社交困难、适应能力弱、无法遵守规则和集体学习要求	本地家庭。隔代养育。父母以加工羊毛衫为生计，家里有个小作坊
SSH-21	女，5岁，中班，独生子女	社交困难、适应能力弱	本地家庭。父母以在网上销售羊毛衫为生计
SSJ-22	男，5岁，中班，独生子女	情绪管理困难、社交困难	本地家庭。妈妈在外地上班，一周回家一次。平时由奶奶带养。妈妈为教师，爸爸做羊毛衫生意
SYC-23	男，6岁，大班，独生子女	社交困难、情绪管理困难、孤独症倾向	本地家庭。隔代教养。父亲做羊毛衫生意，母亲在当地事业单位工作
SYZ-24	男，5岁，中班，上有一个读初中的哥哥	社交困难、情绪管理困难	本地家庭。父亲为外来务工人员，入赘成为当地女婿。父亲在当地做水泥工，母亲在当地一家小公司做财会
WJC-25	男，5岁，中班，独生子女	情绪管理困难、社交困难	外来务工人员家庭，租住在一个孤立的院落里，父母以加工羊毛衫为生计
WTY-26	男，6岁，大班，独生子女	孤独症倾向儿童	外来务工人员家庭。父母以加工羊毛衫为生计。从母亲怀孕起一直居住在工作车间里，机器噪音长年不断

续表

儿童代码（姓名首字母缩写和序号）	基本情况	主要困难	家庭背景
WX-27	男，4岁，小班，排行老二，有一个上小学一年级的哥哥	社交困难、情绪管理困难	外来务工人员家庭。父亲在当地做装修工。母亲在当地做零工，加工羊毛衫
WYC-28	男，4岁，小班，排行老大，下有一个2岁左右的弟弟	社交困难、情绪管理困难，教室适应能力弱、多动倾向，咬人、打人的情况比较频繁	外来务工人员家庭，父母以加工羊毛衫为生计
WYY-29	男，5岁，中班，排行老大，下有一个2岁左右的弟弟	情绪管理困难、情绪易崩溃	外来务工人员家庭。全家以加工羊毛衫为生计
YJJ-30	男，6岁，大班，独生子女	情绪管理困难，社交困难，教室适应能力弱	外来务工人员，父母以加工羊毛衫为生计
YKC-31	男，4岁，小班，排行老二	社交困难，难以融入班级环境，不参与学习活动，经常跑离教室，难以集中注意力，经常啃食椅子上的油漆等	本地家庭。隔代养育。父母在当地打零工
YY-32	男，5岁，中班，独生子女	情绪冲动、易激惹、注意力不集中，不听从指令，不遵守课堂规则等	本地家庭。主要由奶奶照看。父亲开了一家小作坊，母亲在当地打零工，加工羊毛衫
ZCX-33	男，3岁，小班，独生子女	社交困难、适应能力弱	本地家庭，父母离异，孩子抚养权归爸爸。隔代养育，跟着奶奶长大。父亲以加工羊毛衫为生计
ZH-34	女，5岁，中班，排行老二	社交焦虑，选择性缄默，在幼儿园不说话、不社交、教室适应能力弱	本地家庭。与外界接触少。父亲在一家公司做网络工程师，母亲在当地医院做医务工作者
ZJW-35	男，5岁，中班，排行老二	社交困难，主动沟通少，教室适应能力弱	本地家庭，父母离异，父亲为三婚，他是父亲与第二任妻子结婚后生下的孩子，跟着奶奶生活。父亲赌博，销售羊毛衫，其第三任妻子在当地打零工，加工羊毛衫

续表

儿童代码（姓名首字母缩写和序号）	基本情况	主要困难	家庭背景
ZSY-36	女，6岁，大班，排行老大，下有一个2岁左右的妹妹	社交困难、适应能力弱	本地家庭。隔代养育。父亲在当地做保安，母亲在当地一家小公司做文秘
ZTH-37	男，5岁，中班，独生子女	孤独症倾向儿童	外来务工人员家庭。经历过两年多的父婴分离。全家以加工羊毛衫为生计
ZYN-38	男，4岁，小班，独生子女	社交困难、冲动、易招惹他人	本地家庭。隔代养育。父亲为二婚，有一个女儿。父亲再婚后生下他。父母为卖衣服的小店主
ZZJ-39	男，5岁，中班，排行老二，上有一个上小学一年级的姐姐，下有一个刚出生的妹妹	社交困难、不与同伴交往、总是一个人玩	外来务工人员家庭。租住在一个孤立的院落里。父母以加工羊毛衫为生计

表3.11　良好组儿童基本信息表

儿童代码（姓名首字母缩写和序号）	基本情况	社交、情绪和心理健康发展情况	家庭背景
CDY-40	男，5岁，中班，上有一个8岁的哥哥	发展良好，在园适应良好	外来务工人员家庭。父亲为顺丰快递的运输司机，母亲为全职妈妈
GZY-41	女，6岁，大班，上有两个姐姐，一个为14岁，一个为7岁	同上	本地家庭。父亲为村干部，母亲为全职妈妈
LGY-42	男，5岁，中班，下有一个3岁的弟弟	同上	本地家庭。父亲为社区工作人员，母亲开服装店
LJH-43	男，5岁，中班，上有两个姐姐，一个姐姐9岁，一个姐姐7岁	同上	外来务工人员家庭。父亲做架子工，每天上班，只有下雨天可以在家休息，妈妈打零工，主要工作是食品加工
LJT-44	男，5岁，中班，排行老二，上有一个10岁的姐姐	同上	本地家庭。父亲为电脑修理工，母亲是幼儿园非编教师

续表

儿童代码（姓名首字母缩写和序号）	基本情况	社交、情绪和心理健康发展情况	家庭背景
LX-45	男，5岁，中班，下有一个2岁的妹妹	同上	外来务工人员家庭。父亲在当地打零工，母亲为全职妈妈
MWH-46	女，5岁，中班，上有一个18岁的姐姐	同上	本地家庭。父母均为当地工厂的工人
MYC-47	女，6岁，大班，排行老大，下有一个5岁的弟弟	同上	本地家庭。父亲加工羊毛衫，母亲为全职妈妈
QZH-48	男，4岁，小班，排行老二，上有一个8岁的哥哥	同上	外来务工人员家庭。父母为羊毛衫加工个体
SXRY-49	男，6岁，大班，独生子女	同上	本地家庭。父亲为自由职业，母亲为电器公司的职员
SXY-50	女，6岁，大班，独生子女	同上	外来务工人员家庭。父母为加工羊毛衫的个体户
WJL-51	女，4岁，小班，上有两个姐姐	同上	外来务工人员家庭。父母做夜宵生意
WYC-52	女，4岁，小班，排行老二，上有一个6岁的姐姐	同上	外来务工人员家庭。父亲做装修，母亲为全职妈妈
XHC-53	男，5岁，中班，独生子女	同上	本地家庭。父母为加工羊毛衫的个体户
XRX-54	女，6岁，大班，排行老二，上有一个11岁的姐姐	同上	本地家庭。父母为当地职工
XSH-55	男，5岁，中班，下有一个1岁半的妹妹	同上	本地家庭。父母是做羊毛衫加工的个体户
XXH-56	女，4岁，中班，独生子女	同上	本地家庭。父母为当地职员
YAX-57	女，4岁，小班，独生子女	同上	外来务工人员家庭。父亲为自由职业，母亲为幼儿园非编教师
YLY-58	男，5岁，中班，排行老二，上有一个哥哥，他们为双胞胎兄弟	同上	本地家庭。父母为当地普通职工

续表

儿童代码（姓名首字母缩写和序号）	基本情况	社交、情绪和心理健康发展情况	家庭背景
YYJ-59	男，4岁，小班。上有一个姐姐12岁，一个哥哥11岁（哥哥、姐姐非血缘关系）	同上	本地，再婚家庭，五口之家。父母各自离婚后，带着孩子重新组建新家庭后生下他
YYX-60	女，4岁，小班，上有一个7岁的哥哥	同上	本地家庭。父母为当地职员
ZMH-61	男，4岁，小班，上有一个13岁的哥哥	同上	外来务工人员家庭，父亲入赘。父亲平时在郑州工作，经商，两个月回家一次。母亲为自由职业（做烘焙）
ZMR-62	男，5岁，中班，排行老二，上有一个9岁的姐姐	同上	本地家庭。父母为当地加工羊毛衫的个体户
ZSX-63	男，6岁，大班，排行老大，下有一个2岁多的妹妹	同上	外来务工人员家庭。母亲为全职妈妈，爸爸做安装铝合门窗的工作（自由职业）
ZSY-64	女，5岁，中班，上有一个8岁的姐姐	同上	本地家庭，三世同堂
ZYH-65	女，5岁，中班，上有一个20岁的哥哥	同上	外来务工人员家庭。爸爸送快递，妈妈为全职妈妈
ZYH-66	男，6岁，大班，上有一个上初中的16岁哥哥	同上	本地家庭。父母为加工羊毛衫的个体户
ZYN-67	男，4岁，小班，独生子女	同上	本地家庭。父亲为当地职员，母亲为自由职业
ZYR-68	女，4岁，小班，排行老二，上有一个16岁的姐姐（非血缘关系）	同上	外来务工人员家庭。父母再婚，各带一个孩子重新组合成新家庭
ZYY-69	女，5岁，中班，下有一个19个月的弟弟	同上	本地家庭。父母在当地打零工
ZZH-70	女，6岁，大班，上有一个15岁的姐姐	同上	本地家庭。个体户，加工羊毛衫
ZZH-71	男，5岁，中班，上有一个9岁的哥哥	同上	本地家庭。父亲两周回家一次，母亲为幼儿园教师

四、社交、情绪和心理健康需要儿童家庭的社会生活背景

把儿童的社交、情绪和心理健康状况与家庭面临的困难嵌入到社会生活大背景去考量与观照。

运用家庭访谈法，从家庭访谈和父母填写的家庭信息中了解他们的社会生活背景，同时通过观察法，观察他们的社会生活背景，了解当地的经济文化生活。

研究所在的区域，是中国羊毛衫的生产地。中国大部分的羊毛衫，以及向国外出口的羊毛衫大多来自此地。大部分家庭以生产、加工、销售羊毛衫为生，他们做横机、片检、套口、手缝或者在网上销售羊毛衫等工作。他们的劳动密集且生产效率低下、技术含量低、劳动强度大、劳动时间长、工作环境差，收入不稳定。他们如果接到羊毛衫的订单，便有一笔收入；接不到订单，便没有收入。总体来说，下半年羊毛衫订单会比较集中，每一年的下半年他们比较忙碌。

由于近年来羊毛衫销量较好，带来当地经济水平的提升，涌来了不少外来打工人员。这些外来打工人员主要来自四川、山东、江西、安徽、河南、贵州等经济欠发达地区，先是父亲或母亲一方或双方涌入打工地，随着他们慢慢在打工地站稳脚跟、生活安定下来，并且在经济条件许可的情况下，他们相继把妻子（或丈夫）和子女陆续带来，在打工地一同生活，有的甚至把孩子的爷爷奶奶、姑姑、阿姨等全家都带入打工地，一起工作与生活。或是外来打工人员在打工地安家后先结婚再生子，也有在打工地稳定后，把家人带来，继续生育子女。他们多半租住在廉价的乡镇村落老旧的房子里，连同院子一起整租下来，周边没有其他人家，孤零零的，即使周边有邻居，他们的邻居也多半是一同来打工的外来人员家庭，比如他们的亲戚或老乡。也有来打工地年数较长的家庭，他们已在打工地工作生活十几年的时间，积累了一定的物质基础，在当地贷款买了自住房，他们面临着还房贷的经济压力，父母不得已过度投入工作，花费更多的时间在工作上，会使他们原本忙碌的生活更加忙碌，更没时间关注孩子，形成“恶性循环”。

在 39 例 SEMH 需要组儿童家庭中（见附表 3.10），21 例是土生土长的本

地户口，18 例是来此地打工的外来务工人员家庭。其中大部分家庭的父母工作为上文所说的加工羊毛衫或销售羊毛衫，少数为卖酒水生意、在淘宝上销售吊顶材料、安装空调、送快递、做装修等。

隔离——是这些 SEMH 需要儿童家庭普遍的生存现状。

为清晰阐述隔离给 SEMH 需要儿童家庭带来的影响，以下将 39 例儿童家庭分为 18 例外来务工人员家庭和 21 例本地户口家庭进行阐述。

18 例外来务工人员家庭面临的隔离

婴幼儿时期的亲子隔离。18 例儿童中经历半年及以上母婴分离和父婴分离的为 6 例。他们自婴儿时起，便出现亲子隔离。父亲或母亲一方或双方离开老家外出打工，孩子交由父母一方（主要为母亲）或老人在老家抚养（5 例），有个别家庭是父母婚姻出现裂痕，母亲生下孩子后，直接离开，孩子交由奶奶抚养（1 例）。

居住隔离。待父母在打工地稳定后，子女会跟随父母来到打工地团聚或者父母在打工地生下子女。“物以类聚，人以群分”的居住隔离状态，使这些外来务工人员的子女与当地居民的子女很少有交集。这些外来打工人员租住的地方与当地居民居住的地方相互隔离。有的租住在完全封闭式的隔离村落。有的有明显的地缘色彩，通常是老家在同一个乡村的人来到打工地后居住在一起，他们的居住条件简陋、布局拥挤，环境混乱，与外界相互隔离。平时白天在租住的地点或当地的工作场所打零工，晚上工作到夜里十一二点至凌晨，没有太多的空闲时间相互往来。“我们租住的地方，基本上周边都是一起打工的老乡或者亲戚，白天都很忙，大家都要做工，也不太有时间交往的。”（CJE-04 和 LCT-16 的爸爸和妈妈）

他们租住在别人的房子里，没有“家”的氛围，不太会爱惜租住环境。家居环境比较脏乱、堆放杂物或者工作间和居住空间混杂在一起。地面上散落着孩子的玩具和各种羊毛衫材料。有个别家庭在打工的地方买了自住房，但是还没有攒够钱装修，全家人住在水泥毛坯房里，比较拥挤杂乱。走进屋子里，满眼是堆积的纸箱，纸箱里装满各种吊顶材料。只要网上有订单，电脑一直滴滴滴地响，房间里没有可供儿童玩耍和学习的地方。

破旧的院子、低矮的房子，光线昏暗、不宽敞，里面堆放着各种各样的工作材料。这是 18 例外来打工人员家庭的写照。更有甚者，孩子从小接触的环境就是小工作坊，里面堆满了制作羊毛衫的机器和加工材料。机器一旦开动，便是24小时连轴转，声音比较嘈杂。父母请不起工人，两个人一起调配工作时间，比如父亲负责白天的机器运转，母亲则负责夜里的机器运转。幼儿睡觉的地方只与机器间隔了一层薄薄的木板墙，他们每天生活在嘈杂的环境中，哪怕是睡觉的时候也伴随着这样的嘈杂声，甚至自母亲怀孕起，他们便生活在这样的生活环境里。

语言隔离。外来打工人员多半讲方言，与流入地的方言存在较大差异，与本地居民语言不通，彼此说话不太能听懂、听明白。这是限制他们融入当地的又一困难，这进一步加剧了彼此的隔离。比如，有父母说起“我们说的方言和他们当地的方言太不一样，他们说的话，我们听不懂；我们说的话，他们也听不懂，我们和当地人之间很少聊天”（CJE-04、CJJ-05、LYK-18 和 YJJ-30 的妈妈）。

社交隔离。外来打工人员的家庭与本地的家庭很少有社交互动，社交圈子比较狭窄和受限，体现出封闭性的特征。他们很少与当地的居民交往，形成了一种较为封闭的“圈子”。外来打工人员的社会交往具有明显的隔离特征。周边的“熟人圈子”很有限，他们除了与自己同村、同乡、同来此地打工的“老乡”有偶尔的交往以外，没有其他社交机会。即使老乡在附近，但他们平时都各忙各的，大部分时间是自己一家人的社交孤立状态，很少有机会与其他人进行社交互动。

在调研中发现，一例外来打工的困难家庭把租住的地方从先前的工作车间搬到小朋友多的地方。他们口中“小朋友多的地方”，是一家收破烂的地儿，那里有几个小伙伴，这样孩子就能找到伴儿了。“这边有一家收破烂的地方，他们家的孩子比较多，所以我们想着这里热闹一些，小孩子可以一起玩，不像之前住的地方，附近没有小孩子，比较孤单”（WTY-26 的妈妈）。由此看出，即使他们有意愿改变社交隔离的状况，他们的社交选择也较为受限。

社区隔离。外出打工家庭离开家乡，原来的邻里、熟人社会提供的社会支持断裂，来到租住地难以建立支持网络，只能靠极其有限的血缘关系、地缘关系等提供微弱的支持。他们离开户口所在地，原有地域社区组织系统所提供的制度性支持缺失，出现“无组织”状态。同时，新的社区支持系统因他们的居住隔离、社交隔离、打工流动的不稳定等难以确立。他们难以通过亲友、邻里、团体、组织等社会联系获得精神上和物质上的支持或帮助。比如，有父母（LCT-16 的妈妈）说："我们都是靠自己，身边没有支持的，离老家很远，亲人不在身边，这边打工的地方人生地不熟，有事情了要靠我们自己解决，没有谁能帮到什么忙。偶尔，就是我们实在太忙的时候，比如孩子爸爸出去干活了，我要去送加工好的羊毛衫材料，这个时候，要么我把孩子带上电动车一起去送，要么让隔壁的老乡帮忙看一会儿孩子，基本上十几分钟我就能回来的。"

文化隔离。外来打工家庭在打工地的文化活动比较贫乏。他们参与社区文体活动少、使用社区文化设施少、社区文化参与的自主性低。第一个原因，他们没有太多的空闲时间，每天工作时间基本都在十几个小时，天不亮就要做工，天黑了还继续做工，"两头黑"是他们每天的打工常态。每天被繁重的劳动所限制，没有空余的时间带孩子参与社区文化体育活动。第二个原因是他们自身的文化程度比较低，没有带着孩子一起参与文化活动的意识。在租住的房子里看电视、玩手机、打游戏是他们进行最多的文化娱乐活动，他们很少参与社区的文体活动。第三个原因是家庭中缺少图书，无论是供大人阅读的书籍还是供儿童阅读的绘本故事书都极为缺乏。此外，父母不知道哪些书籍适合幼儿期的儿童阅读。个别家庭为了幼儿能早识字，准备了一些字卡、图卡。有些父母也想让他们阅读，但准备的书籍不适合幼儿期的儿童阅读，比如让幼儿背诵唐诗、《三字经》，幼儿并不理解所背内容的意思。家中无图书、或者仅有的几本图书不适合幼儿阶段的儿童阅读，也是这些家庭的文化隔离与制约。

隔离，既是这 18 例外来务工人员家庭面临的现实困难，同时也是父母在育儿方面意识淡薄和意愿缺乏的表现。对于外来务工人员家庭的子女来说，他们生活在隔离的社会环境里。有的父母表达"附近没有其他孩子，没有玩伴"（CHR-02 和 WTY-26 的妈妈）或者"好不容易找到一个小朋友，因为他们父母工作的临时性，经常变动，会经常搬家，孩子很容易失去难得的玩伴"（HZJ-12 的妈妈）。再者，这些外来务工人员家庭平时忙于生计，对于儿童的生活和学习无暇关注。有的父母担心孩子出现安全问题，比如害怕孩子到村子里乱跑，交通不安全、人身不安全。有的村子里有水塘，曾出现因个别家庭疏于看管，孩子出现意外溺亡的事件。考虑到安全问题，他们把孩子关在家里，或者有的父母把孩子交给孩子的兄长或长姐带，在父母能看得见的地方玩耍，而这些“兄长”和“长姐”也不过是小学中低年级的学生。父母忙于做工，孩子不是在屋子里看电视，就是手上拿着手机，基本上用电子产品把孩子“关”在家里。孩子在父母做工的“眼皮底下”玩手机或看电视，以此避免意外安全事故的发生，这样的带养方式，使孩子缺少丰富的生活体验，缺少与人互动的社交经验，缺少认知上的启发和运动游戏经验的获得。他们的能力很难像普通儿童那样正常发展，差距一年比一年加大。他们难以适应学校的环境，家庭环境与学校环境差异很大，需要不断修正“地图”，在这样的过程中，他们就容易产生心理健康问题。加之，家庭对儿童的忽视或教养方式的不合理。父母长时间把精力放在打工赚钱上，疏于对儿童的教育引导和情感上的关切。家庭教育意识淡薄，父母养育意识不够、文化程度不高、忙于打工和生计，孩子被忽视，一旦他们出现父母眼中的“调皮”“捣乱”“不听话”等问题，家里的大人往往把他们打骂一顿或者罚跪。还有父母观念问题，“是给孩子留下金钱重要还是陪伴孩子重要？”有些父母选择了前者，有的父母说：“孩子看到别人家有汽车也想坐汽车，很羡慕别人家的孩子能坐上汽车，于是我们就想拼命攒钱，也能买得起汽车。这样孩子不会被别人看不起。”（WTY-26 的妈妈）

18 例外来务工人员家庭难以在工作和生活场所中形成个人的社会圈子与人际关系，不利于他们在陌生、隔离的“离乡打工”的社会生活当中构建起他们需要的社会支持网络。而他们的孩子在缺失社会支持网络的家庭生活中，愈加被各种“隔离”——亲子隔离、居住隔离、语言隔离、社交隔离、社区隔离和文化隔离所限制。

21 例本地家庭面临的隔离

21 例儿童属于土生土长的本地家庭，他们往往居住在大家庭中（父母+子女+长辈的家庭类型），隔代教养的问题比较凸显。父母大多做起了“甩手掌柜”，把育儿的责任交给祖父母。这些儿童也同样经历了婴幼儿时期的亲子隔离、居住隔离、社交隔离和文化隔离等。

亲子隔离。21 例本地儿童家庭中有 6 例在婴幼儿期经历半年及以上的母婴分离或父婴分离。父母在他们几个月大的时候，把孩子交给祖父母放在乡下养育，他们在镇上独立开办小型工厂（1 例）。或者因为父母婚姻出现问题，自他们出生起，父母一方（主要是母亲）就离开了他们（3 例）。也有一种情况是，母亲的工作在异地，自哺乳期结束后，母亲必须回到工作地上班，孩子不得已留在爷爷奶奶家（1 例）。有个别儿童的父亲长年在部队工作，难得有团聚的时光，一年最多有 10 天的时间父亲从部队回来和家人团聚。自婴孩起，父亲一直不在身边，直到孩子 5 岁后，父亲才复员回来（1 例）。

居住隔离。随着当地经济的发展，乡村别墅一幢一幢建起，户与户之间大多以围墙相隔。乡村围墙不仅仅是一种辅助性的建筑和一道风景线，更是一道人与人之间的“防线”，阻断了乡村人们之间的日常交往，也逐渐拉开了人与人之间的心理距离。为了安全的需要，在房屋周围都会建立一道围墙来保护自己的领地和财产，可是围墙建立起来后也阻碍了过去那种自由的人际交往。围墙大门与房屋间隔一段距离，在围墙门外呼叫，很多时候在屋内听不见，长此以往，导致人们之间的日常交往互动减少。围墙不仅仅阻隔了人们之间的社会互动，更拉长了人与人之间的心理距离。

在自家房子边建起围墙，少有人来串门。在空荡荡的大房子里，过着离群索居的生活，没有一大家人热热闹闹生活的氛围。这些儿童的世界，仅限于家庭这样的空间，比如 GZN-09 的奶奶谈道：“家里的房子很大，没有人气，周围也没有人过来一起玩，孩子基本上跟着我在家里，我打扫卫生，她就在旁边画画或看动画片。”ZSY-36 的妈妈谈道：“村子里的小伙伴比较少，也很少串门，大家都各忙各的，有的时候看到别人家的大门关着，也不太想去敲门。”有少数家庭在镇上购置自住房。这样的住房多是单元楼房。每一个单元楼房的窗户都被安全防盗网加固。住单元楼房的家庭，门一关，便关闭了外面的世界，过着彼此隔绝的生活。生活在较为封闭环境中的儿童，接触到外面世界的机会少之又少。比如，JQ-14 的爷爷奶奶说：“我们年纪大了，腿脚不方便，上下楼很吃力，基本上孩子都在家里，白天很少出门。孩子一岁以内，没抱下楼过，现在也很少带出去。”LYY-19 的妈妈说：“我们住在顶楼，上了楼，基本上不太下楼，孩子一天就在家里待着。与对面的邻居基本上不交往的，偶尔碰个面，相互打声招呼就各自回家关上门。”

社交隔离。在 21 例本地儿童中，有 18 例主要为隔代养育。由于隔代监护人（爷爷、奶奶、外公或外婆）体力和心力有限，有的长辈年事已高（80 多岁），行走不便，孩子长至 1 岁未下过楼接触外界的环境刺激，长至 3 岁一直坐在小推车里，连走路都走不稳，出现各种适应困难。有的长辈膝盖长期疼痛，无法走出门，他们带孩子出去社交的机会受限。而且，长辈怕孩子出去与其他小伙伴发生人际冲突，于是会减少他们与人互动的机会。这些儿童大量的时间在看电视、玩电脑游戏、听音频故事等。他们带孩子外出与周边的人交往的机会较少，使孩子长期在封闭式的家庭养育环境中成长。另外 3 例儿童，多由其母亲一人照料。这三位母亲比较“宅”，社交活动贫乏，不太爱把孩子带出去参与社交或社区活动。“孩子基本上没有什么社交机会，除非刻意去找这样的机会，比如约小伙伴一起出来，有时候也约不到，因为他们也有自己的生活安排。我也比较宅，主动约小伙伴和孩子一起玩的次数很少。”（CHR-03、SSH-21 和 ZSY-36 的妈妈）

文化隔离。这些长辈带孩子参与社区文体活动少，使用社区文化设施少，社区文化参与的自主性低。第一个原因，长辈没有太多的空闲时间，每天除了要打扫卫生、做三餐饭、清洗一家人的衣服、做工以外，很少有时间带孙辈出去参加社区文体活动。第二个原因，普遍来说，这些长辈的文化程度低，有些是文盲，知识有限，缺乏科学的育儿理念和知识，缺少带孩子一起参与文化活动的意识。第三个原因，长辈年纪比较大，身体每况愈下，能给孩子弄上吃的，已经是很尽力了，难以给孩子创设文化氛围。有些隔代监护人在孩子面前不注重日常生活用语，容易使儿童养成“出口成脏”的不良习惯。长辈对孩子的沟通交流较少，“言传身教”中的“言传”特别缺失。即使在家里，长辈带着孩子翻阅一本书也不太可能实现。有的长辈眼睛花了，看不清书本上的字，很难带着孩子接触文化知识。家庭中可供儿童阅读的书籍很有限，除了幼儿园发的几本书以外，很少有家庭图书。更有甚者，有的娇生惯养、包办代替、有求必应，使得儿童缺乏独立自主的能力。

总之，21 例本地儿童的家庭，隔代教养问题比较严重。父母养育子女的责任缺位，他们多半不关注孩子的养育问题，父母下班回家打游戏、玩手机的现象比较普遍，在育儿方面出现“偷懒”心理。这些父母在长辈面前，依然像“长不大的孩子”，他们难以承接教育子女的责任。

小结

综合以上分析，得出 39 例 SEMH 需要儿童家庭其背后伴随多种多样的“隔离”，包括亲子隔离、居住隔离、语言隔离、文化隔离、社交隔离和社区隔离等，这些家庭与当地社会生活联结单薄，隔离和单薄的社会联结给儿童的身心健康成长带来了不少限制。在这些“隔离”之下，儿童的“地图”比较狭窄。随着时间的累积，“隔离”带给他们成长的负面影响会愈加明显。长此以往，当他们来到学校集体教育环境中时，容易出现各种不适应，“格格不入”或者“冲突不断”，他们需不断修改其“地图”，在这样的过程中便易出现社交、情绪和心理健康问题。

五、普通教育环境中专业支持力量的欠缺与不足

普通学校里 SEMH 需要儿童的现状堪忧

2019 年 3 月至 5 月，研究者在走访、调研 H 市和 J 市几所普通中小学、幼儿园时遇到几十名儿童个案，他们存在一些共同点：情绪、情感方面脆弱、易激惹，有较为明显的情绪或行为问题，易与同伴产生冲突，同伴关系不良，师生关系较为紧张，适应学校困难，给课堂教学和班级管理带来不同程度的影响。他们有着相同的处境：座位是教室的“孤独一隅”；学校与家长之间进行着“拉锯战”；或者是这些儿童的家长与其他学生家长之间进行着“拉锯战”；他们在课堂、校园活动中参与度低，被集体排除在外；时常感到无聊，自由散漫、随心所欲、不遵守学校规则；老师、同伴的认同感低。

普通学校里教育领导者的重视程度不够

在走访、调研 H 市和 J 市几所普通中小学、幼儿园时，发现对于社交、情绪和心理健康需要儿童的概念，普通教育环境中较少人知道。教育领导者、教师、学生，以及教育场中的其他人，多认为他们行为怪异、情绪不稳定、“神经兮兮”，缺少特殊教育或儿童发展心理学方面的专业知识。即使有个别教育领导者知道这个概念，也不懂用什么方法帮助这些儿童在学校里更好地适应。从几所学校的校领导口中得知，学校里有专门的心理辅导室、“阳光小屋”，但是并没有真正使用过。在普通教育环境中有部分教育领导者和教育工作者认为，支持这些儿童是“额外的任务”。更有教育领导者认为，支持这些儿童是一种“麻烦”和负担。对于专业支持机会与资源的输入，有一些教育领导者是拒绝的，甚至拒绝他们在普通教育环境中的融入与适应，总是想着如何把他们转介出去，教育领导者常问的一个问题是“有没有更适合他们的

学校或机构可以转介？”

教师在面对此类儿童时的焦头烂额、束手无策

研究者访谈了16位教师，了解到SEMH需要儿童给日常教育和教学上带来比较多的挑战。在面对他们时，教师往往感到焦虑或束手无策。

因为有一名SEMH需要儿童的存在，班级整体的管理和教学就会遇到较大的干扰和困难。教师反映他们干扰课堂、喜欢到处乱跑、缺乏规则意识，影响教学，经常以非合作或对立行为的形式出现在课堂上，需要老师极大的耐心和容忍度。他们很少能在学业上获得成功，需要更多的帮助，需要教师投入更多的时间来管理，让老师们焦头烂额、被折腾得筋疲力尽。此外，班级有三十几名普通儿童，教师无法分出很多精力来关照SEMH需要儿童。教师在跟家长反映孩子的问题时，有些家长说孩子在家里挺好的，家长不理解、不配合老师的工作，彼此的沟通出现障碍。教师的疑问和期待是“他们是否可以转介到特殊教育学校里，是否需要将这些学生送到外面的康复机构里接受专门的训练？”

在问及“老师们运用了哪些策略，是否有效”时，访谈结果如下：

绝大部分教师运用了一些支持方法，比如，打卡、激励、给予关爱、谈心、批评、立规矩、软硬兼施、换座位、认真督促，情感安抚、作业补差与学业辅导、让他们承担班级事务、赋予班级责任、家访、与家长密切沟通、请教专家和求医。但效果一般甚至微弱，他们的问题会反复，甚至无效。

从以上调研和访谈中，可以看出普通学校教育工作者对于SEMH需要儿童的认识不够，缺乏特殊需要儿童的概念和融合教育的理念，对其提供的服务较少。教师深感困扰、束手无策或策略有限，多从自身的经验出发来应对和干预，但干预效果并不理想，缺乏全校范围内的系统支持和以家庭为中心的干预与支持。

附：教师访谈资料

教师1、教师4和教师12：“他们干扰课堂、影响教学、无计可施、焦头烂额……”

教师2、教师8和教师15：“因为有一名这样的孩子的存在，使得班级整体的管理和教学遇到很大的干扰和困难。”

教师3、教师5和教师13："跟家长反映了孩子的问题，但有些家长说孩子在家里都挺好的，家长不理解、也不配合老师的工作。这叫我们如何对待和教育这类孩子，如何更好地与家长沟通？"

教师6、教师9和教师14："这样的学生是否可以转介到特教学校里？是否需要将这些学生送到外面的康复机构里接受专门的训练？"

教师7和教师11："老师在无暇一对一管教的情况下，怎样关注和及时教导他们？"

教师10和教师16："他们喜欢到处乱跑，没有什么规则意识，如何从内心改变孩子对老师的尊重、对学习的热情？"

在问及"老师们运用了哪些策略，是否有效"时，老师们反馈如下：

教师1："运用了一些方法，比如，打卡、激励、认真督促，但无效。"

教师2："夸奖与批评齐下，无效，孩子的问题会反复。"

教师3："情感接纳安抚，作业补差，效果不好。"

教师4："学业辅导，教育谈心，家长交流，效果一般。"

教师5："电话联系家长，找家长和孩子谈话，家访，效果一般。"

教师6："在作业上采取分次完成，但每次他会发呆好久，效果一般。"

教师7："单独辅导，奖励，给他做班干部，效果一般。"

教师8："家访、谈心、请吃饭、送饭盒，亲自带孩子去剪头发，都对学生不太有效，迟到、旷课还有发生。"

教师9："积极联系家长，尝试沟通，共同教育，效果不佳，孩子的状态还是不在线。"

教师10："软硬兼施，无效。"

教师11："约谈家长，和孩子交谈，了解心理状况，立规矩。有效，但微弱。"

教师12："沟通给予关爱，每天在校督促其完成学科作业并与父母沟通。他在行为习惯和情绪上平稳了许多，自信心有所增长，但成绩提升不够明显。"

教师13："电话与家长沟通，与学生交谈，换座位，效果一般。"

教师14："批评，叫家长。无效。"

教师15："与家长密切沟通，软硬兼施，效果一般。"

教师 16：“热情激励优点，帮助改正缺点，尽可能用科学的方法和无尽的耐心教育他。反复联系家长，请教专家和求医。比一年级有好转，但多动不是人力可改，每天折腾得筋疲力尽。”

家长的焦虑苦恼、招架不住

对 10 位 SEMH 需要儿童的父母做了深入访谈，了解他们在学校的学习生活和适应情况。

他们缺乏社交技能和游戏技能，在学校里会被同学认为呆板。他们基本上不具备同龄人最渴望、最喜欢的特质，比如兴趣、经验和私人物品的分享、学术上的努力、运动能力（主要是男孩）、迷人的外表（主要是女孩）和共同的信念，容易受到排挤和欺凌，经常面临被“边缘化”的风险，比较常见的情况是座位为教室的“孤独一隅”。

他们在两种社会关系（师生关系和同伴关系）上存在困难。老师与同伴对他们的认同感低，他们经常被老师“点名”，在课堂参与、校园活动中参与度低，被集体排除在外，时常感到无聊。

如果他们的行为具有破坏性或者危险性，影响到同伴安全的话，容易被其他学生家长指责乃至投诉，有些家长甚至会拨打市长电话，给学校施压，逼迫他们退学，让他们的父母招架不住，非常苦恼。

这些儿童小动作多，话多，喜欢插话，上课专注力不够。随着年级的升高，语文课、英语课、数学课越来越难，他们越来越听不懂，闲着无聊时会去影响旁边的同学。老师觉得他们会干扰到其他同学的学习，允许他们跑到教室外面的走廊，由他们在校园里“荡来荡去”。他们与任务相关的行为和学业表现受损，如分数较低，出现不同程度的缺勤，上课时参与度有限，在学习方面缺乏自尊心和信心。他们无法成功完成学习任务，并试图避免那些令其反感的任务，上课经常迟到、逃学，从而逃避学术学习。他们也可能在没有掌握学术学习所必需的社交行为技能的情况下进入学校，比如欠缺遵循指示、听别人说话和与别人合作的能力，他们通常会争论不休，与同龄人或成年人相处不融洽。一旦落后，他们很可能会继续表现出具有挑战性的行为，从而避免越来越厌恶的学术任务，并且将继续落后。

父母的焦虑莫过于孩子融入不到集体中，因为孩子表达能力差而导致同学们不愿与他们交往。能融入同伴之中、学会与人相处和沟通能力的增强，是家长们目前最想改善的。理解学业和理解人与人之间的关系，两者都是他们需要掌握的能力，但要改善很难，收效甚微。

父母害怕参加家长会，他们认为家长会像批斗会一样，情况很糟糕，其他家长或教师会说孩子的种种不好。

另外，有些父母认为青春期的到来，会让他们面临更多的挑战。比如他们的同伴交往问题在青春期会日趋加重。如果能干预到同伴关系的处理，教会他们一些交往沟通的方法，这样能帮助他们度过这个时期。包容、不计较的同伴，支持性的环境都很重要。

从以上几位父母反馈的信息中，可以了解到家长在面对 SEMH 需要儿童的困难时倍感压力、苦恼和担心，一是担心孩子在学校里经常受欺负；二是不知如何应对其他家长的指责与“逼孩子退学”的压力；三是对孩子无法融入集体，“被边缘化”、无法与同伴和教师进行良好沟通与交往的苦恼，四是焦虑孩子伴随学业落后、学习参与度低等问题。

附：家长访谈资料

SEMH 需要儿童受到不同程度的校园排挤和欺凌。

家长 1：最让我担心的是孩子在学校受同学欺负，而我又不知道。前些年孩子身上出现过好多次不明不白的淤青，而且面积较大，孩子不肯或不愿说。后来经过了解我才知道，孩子在学校因为被同学认为呆板、不好玩而屡屡受到欺负，我心里真是说不出的难受。对于焦虑，我觉得莫过于孩子融入不到集体中，因为他表达能力差而导致同学们不愿与他交往。孩子能融入同学之间、沟通能力的增强，是我目前最想改善的。理解学业和理解人与人之间的关系，两者都是他需要掌握的能力，但要改善很难。我尝试了很多方法，但收效甚微。孩子的主要问题出现在沟通能力上，他能听从同学和老师的指令，但无法主动与同学沟通，尽管他非常渴望。从每天放学回来，他的情绪与紧张度可以看出来。这是我非常烦恼的，只能多带他走走，以抚慰他一下。老师反馈说在下课的时候，同学们打成一片，但他合不了群，尽管他很渴望，但同学们嫌他木讷、排挤他，这是让我很烦恼的。尽管学校老师提醒同学多包容我的儿子，但孩子毕竟是孩子。我在家也想尽办法给他创造与其他孩子一起玩的氛围，但他总是紧张，好像很不自信。

家长2：最让我担心和焦虑的还是孩子和别人的相处与学习，和别人相处第一，学习第二。孩子最不快乐的日子是上幼儿园的时候，受小朋友欺负，孩子那会儿小，不会说话，不会表达。上小学后，同学欺负他，他会反抗了。孩子一直在学跆拳道，比以前有力气，也比以前勇敢了，有了信心，再也不怕人了。

SEMH需要儿童受到其他学生家长不同程度的排斥。

家长3：那些家长们不依不饶地反复到学校投诉，我可能会招架不住，孩子就只能退学了。我感觉这段时间是我人生的至暗时刻。那些家长的认识，我不知道能否通过我的努力去改变。我有一种孤军作战的感觉。我还担心孩子的症状是不是随着年龄增长越来越严重了，并且以后会更加严重？那样的话，即使我再努力，也还是免不了被其他家长投诉，那后面就更难了。青春期的到来，会让孩子面临更多的挑战，比如同伴交往的问题，如果能干预到同伴关系的处理，教会他一些沟通、交往的方法，这样能帮助他度过这个时期。环境和同伴很重要。他和包容、不计较的同伴，就相处得很好。感觉环境还是挺重要的，包括和什么样的人在一起。

家长4：那一年，在学校就闹了一年。很多家长投诉，打市长电话。你都不知道，反正是闹过。那时候，整个家庭就是说，哇！我都没办法表达，其实我都感觉自己崩溃掉了。那些家长真的是在微信群里面骂我。我连手机都不敢看，真的连手机都不敢动了，我怕我一点（手机），就看到家长骂我的话。只要一到晚上放学，我就害怕了，就怕发生什么事情。那一年，那么多家长在开会的时候，你都不知道，就像批斗会一样，很糟糕，所有人都在说我儿子不好。我们家里真的是差一点点出事情。那时候我老公说你再这样下去，你自己要变忧郁症了。主要是那些家长对我（骂），我有时候感觉自己都有点想不开。当时，我想，在这个城市生存怎么就这么难呢？后来家里慢慢缓过来。我婆婆真的是很好的，她说，你不要看手机，我求求你，你就放开点，随他们怎么说，我们自己根据自己的情况，慢慢会好起来的。其实那一年真的很难熬，很难熬。然后还好，也就这样子过了。现在家长说多了，他们也不说了。孩子自己在学校有时候也很可怜的，他放学回来说“小孩子不跟我玩，他们骂我是神经病”。作为家长，我们不能直接跟他说什么。像我们这些小孩子，他们都说让我们把孩子托到哪个学校，我说没办法托的，现在只能带在自己身边，你把他放到那种全托学校更完蛋的。我想过，他们说让我送到上海去，放到全托、全封闭的学校里去。我想，对于那些自理方面很强的孩子是可以的，我们全托的话更完蛋，至少晚上他放学回来，我会跟他说或者教他怎么做。

SEMH 需要儿童与同伴交往困难，面临师生冲突。

家长 5：作业不做，特别是数学作业。学习困难户。脾气暴躁，什么事都是他说了算，情绪调适、同伴相处、友谊的建立和师生关系的改善都是问题，但也找不到用什么方式去帮他。

家长 6：目前主要和老师之间可能有冲突（比如被怠慢而哭泣，淘气而被批评），以及由此形成习惯性的“弱者强势”式的先发制人，感觉要被负面评价了，就先哭。现在语言是出来了，就是一开口就讲好多，就不停地问问题……有用没用的都问，有些问题感觉他是知道答案的，就是想跟我们说。没有跟小朋友形成很好的互动，有的小朋友愿意和他玩的，他不感兴趣。后来他又想跟人家玩，人家早已回家做作业去了。

家长 7：目前比较焦虑的是孩子的语言表达，他碰到事不会保护自己和解释，容易与同伴之间产生误会，而且自控能力差，老师经常要点他的名。

SEMH 需要儿童课堂参与度比较低。

家长 8：孩子已经转校，转到另外一所小学读 4 年级。他原先的小毛病还存在，如小动作多，话多、插话，上课专注力不够。晚上睡得比较晚，睡眠不深，夜里会拿听故事的设备，一边听、一边睡。对于主要学科上课比较认真，副课就比较随意，比较我行我素，课上不听讲。

家长 9：随着年级的升高，语文课、英语课、数学课越来越难，孩子越来越听不懂。他有时候闲着无聊会去弄旁边的同学。老师觉得他干扰到其他同学的学习，允许他跑到教室外面的走廊。老师不管他的，由着他在校园里“荡来荡去”，有时候累了他会在走廊的椅子上睡一觉。科学课是他喜欢的，比较感兴趣，他会上的，其他课基本上听不了多长时间自己就跑出来了。

家长 10：孩子进入小学后，整体是适应不了的。坐不住、小动作多，老师不了解也无法理解他的特点，对他的要求像班级其他同学一样。孩子无法做到，咬自己的嘴唇，嘴巴经常变成“香肠嘴”，内心焦虑。他上课听不懂，经常蹲下来用手指挖地板上的洞，或者桌椅上面的裂缝，课堂几乎参与不了，每堂课最多听两三分钟，在课堂上经常发出怪声，老师来沟通过很多次了，我们也没办法让他在课堂上不发这些干扰课堂的声音。老师为了矫正他的行为，用录像机拍摄他在课堂上的表现，发给我们看。但是我们唯一的办法就是批评他甚至打骂他，但是即使是打他，他还是在课堂上做小动作、发怪声、不听课。每天的作业是拿回家我们帮他一起完成，我们用铅笔做一遍，他用水笔描写一遍。他很辛苦，我们也很无奈。

基于以上走访和调研发现，决定在更大的范围内做一次有关班级“麻烦”儿童的问卷调查。

《班级“麻烦”儿童问卷》调研情况：

2021 年 9 月，研究者向江苏（徐州、扬州、南通）、浙江（杭州、嘉兴）、云南（昆明）、广东（江门）、安徽（合肥）5 省 8 市（每所城市选择一所学校）的普通公办小学和幼儿园教师发放网络调研问卷《班级“麻烦”儿童调查》302 份，回收 302 份，有效问卷 290 份（约 96.03%），无效问卷 12 份（漏填、填写不完整的问卷，约占 3.97%）。在 290 份有效问卷中，有 280 位教师表示班上有让自己感到“头疼”的“麻烦”儿童，所占比例为 96.55%。

在 290 份有效问卷中，让老师感到“头疼”的儿童的人数，每班从 1～5 人及 5 人以上不等。74.1%的教师认为班里有 1 名或 2 名让老师感到“头疼”的“麻烦”儿童。其中，班里有 1 名让教师感到“头疼”的“麻烦”儿童的比例占 54.1%，其次是 2 名（20%），3 名（10.7%），甚至一个班级有 5 名以上令教师感到“头疼”的“麻烦”儿童。

“麻烦”儿童所在班级的总人数。班额在 31～40 人的居多（49.31%），其次是 21～30 人（37.24%），40 人以上的为 8.62%，20 人及以下的为 4.83%。

调研问卷提供了 41 个选项（41 个问题是前期向 40 位普通公办小学、幼儿园教师发放开放式问卷中“请描述班上让您感到‘头疼’的儿童特征”一题收集到的内容，加以合并、整理而成。这 40 位教师未参与 2021 年 9 月的网络调研）。每一个问题包括问题描述，是否有该问题，如有该问题、问题的发生频率，以及问题的严重程度如何，教师根据儿童的实际情况进行勾选。从 290 份有效问卷中发现，以下 12 个问题的得分较高，按从高到低排列依次为：

（1）注意力不集中，容易分心，上课经常走神或上课时小动作多；

（2）过度活跃，喜欢到处跑动、多动或冲动；

（3）不守规范、破坏规则；

（4）不听从指令；

（5）暴躁、易怒、易激惹、情绪不稳定；

（6）社交能力欠佳（没有朋友，或被同伴孤立、不合群）；

（7）干扰课堂教学或干扰同伴（如，随意离开座位或教室，时不时地大声说话、尖叫或发出怪声）；

（8）语言表达困难，沟通能力弱；

（9）缺乏向别人表达同情的能力；

（10）自我中心倾向，固执；

（11）易与同伴发生口角或打打闹闹；

（12）克服困难的勇气不足，遇到挫折易放弃。

以上是让教师感到“头疼”的儿童特征，集中在社交、情绪和心理健康困难方面。

教师已采取的措施如下。

表 3.12　教师已采取的措施（按从高至低排列）

教师已采取的措施	比例
给予关爱、情感接纳、安抚、与他沟通谈心	92.41%
家访	72.07%
通过电话、微信等方式与家长密切沟通孩子的情况	66.55%
夸奖与批评齐下，软硬兼施	65.52%
单独辅导	58.97%
行为打卡、激励优点	52.07%
认真督促	49.66%
立规矩	48.62%
批评、指出他的错误或不当行为	44.48%
采用班级教师协同策略	41.72%
采用同伴帮扶策略	38.28%

续表

教师已采取的措施	比例
用无尽的耐心教育他、引导他	32.76%
给学生换座位	31.38%
让其承担班级工作，如给他做班干部，激励他	23.10%
建议家长带孩子就医或参加医学权威机构的专业评估	20.69%
调整课程或活动难易程度	16.55%
建议家长带孩子参加专业的康复训练	15.68%
增加运动项目	14.48%
向学校相关部门表达支持需求	13.45%
作业分次进行，单独辅导	10%
调整作业难易程度或作业量	9.31%
其他，如让儿童参加学校统一组织的健康教育活动	0.7%

教师使用最多的策略依次为给予关爱、情感接纳、安抚、与其沟通谈心，家访，与家长密切沟通孩子的情况。

教师所用策略的有效性。选择“无效”的为3.1%，“效果微弱”的为17.59%，“效果一般”的为53.79%，“效果明显”的为25.52%。选择“无效”“效果微弱”“效果一般”的教师共计约为74.48%。

选择“非常需要”（41.38%）和“比较需要”（35.52%）专业支持的老师，约占76.9%，选择“可有可无”的为6.2%，选择“暂时不需要”的为16.90%。

表 3.13　面对 SEMH 需要儿童时教师感到最大的挑战（按以高至低排列）

教师感到最大的挑战	比例
支持策略和专业能力不足	75.71%
家长意愿不强、认知不够	60%
缺乏专业的师资团队	52.86%
学校支持体系不够完善	31.43%
缺乏专业机构准确的诊断信息	30%
与家长沟通的能力欠缺与技巧不足	25.71%
其他	1.43%

教师感受到的最大的挑战依次为支持策略和专业能力不足（75.71%），家长意愿不强、认知不够（60%），缺乏专门的师资团队（52.86%）。

表 3.14　教师认为对班级最有用的支持策略

教师认为对班级最有用的支持策略	比例
取得家长的教育合力	72.86%
为 SEMH 需要儿童设置单独的空间（比如“安全小屋”“社交游戏室”“情绪辅导室”）	68.57%
相关专业培训	61.43%
专业教师的介入	57.14%
提供与 SEMH 需要儿童工作有关的支持策略	54.29%
学校管理制度建设的完善	44.29%
教师之间的协同教学	41.43%
开设相关课程（比如社交游戏课程、情绪管理课程等）	31.43%
工具箱、资源箱、资源库的丰富	21.43%
专业书架、专业书籍的提供	8.57%
其他	1.43%

教师认为对班级最有用的支持策略，依次为“取得家长的教育合力”（72.86%），“对 SEMH 需要儿童设置单独的空间”（68.57%），“相关专业培训”（61.43%），专业教师的介入（57.14%），提供与 SEMH 需要儿童工作有

关的支持策略（54.29%）。

教师在面对 SEMH 需要儿童时的工作压力

当面对儿童情绪爆发，愤怒、吼叫、打闹、扔东西、骂人、打人、随意跑离教室、破坏规则等情况时，教师感觉到的压力情况（从数字 0~10 中选择一个数字来表示，0 表示毫无压力，10 表示压力非常大）如下：教师群体的压力值为 7 分，表明教师在面对 SEMH 需要儿童时，存在中等以上的工作压力。

小结

几乎每个班都有让教师感到“头疼”的“麻烦”儿童；大部分的班级总人数在 31 人以上；让老师感到“头疼”的“麻烦”儿童属于 SEMH 需要儿童范畴；大部分教师常用的、基于经验的策略未能明显改善儿童的现状；大部分教师亟须专业支持。当下亟须对这一儿童群体进行针对性的支持与干预，为此类儿童及其家庭、学校提供科学、系统、可操作的支持路径与策略。

第四章　儿童社交、情绪和心理健康的支持与干预

儿童的SEMH需要不一定是终生的，在适当支持下，他们可以向前迈进并过上正常的生活。

一、SEMH需要儿童的教育安置——英国的实践与经验

精神健康困难、精神症状和特殊教育需求之间存在重叠①。荷兰的一项研究指出，儿童的社交、情绪和行为问题严重限制了他们参加常规教育，他们有特殊的教育需求，需要学校提供其所需的额外支持。学校和家长必须向独立委员会申请特殊教育服务的资格。一旦独立委员会确定了资格，就必须在两种可能性之间做出安置选择。一种可能性是，在普通教育环境中提供特殊教育服务，如单独的学习场所或补习教学活动。在这种情况下，他们将与普通的同龄儿童一起接受教育，而且他们可以每周在有限制的时间里离开教室去接受补充服务，如社交技能培训或行为支持。另一种可能性是，在专门为特殊教育需要儿童设立的特殊教育学校里接受特殊教育服务，他们没有机会与普通学校的同龄儿童互动，他们遵循着更结构化的日常教育计划，并由接受过相关专业培训的教师给予支持②。

英国培养小组（The Nurture Group）的经验，是一种促进融合教育的方

① Latha Hackett, Louise Theodosiou. Mental health needs in schools for emotional, behavioral and social difficulties [J]. British Journal of Special Education, 2010, 37 (3): 148-155.

② Inge Zweers, Jan O Bijstra, Bram Orobio Decastro, *et al.* Which school for whom? placement choices for inclusion or exclusion of dutch students with social, emotional, and behavioral difficulties in primary education school [J]. Psychology Review, 2019, 48 (1): 46-67.

法，也是一种对此类儿童的干预措施①。

第一批培养小组于20世纪60年代末、70年代初在英国成立，由伦敦教育心理学家Marjorie Boxall建立。这些培养小组最初用于小学生，而后扩展至中学生②。目的是让伴随严重SEMH需要的学生在一周的部分时间里退出主流课程，以获得密集的社交和情感学习经验，使他们尽快重返全日制主流课程。培养小组的学生根据专业人员（通常是教师）的推荐选择，有时也采纳社会工作者和医疗人员的建议。通常使用心理测量评估工具与其他数据资料（观察与成绩记录等），来帮助确定培养小组的安置对学生是否合适。在整个过程中都会咨询学生的父母，父母同意安置被视为至关重要的一环。

培养小组使用的评估和监测工具包括Boxall Profile，这是一种科学规范的评估工具。该量表使用简单，可进行前测和后测。通过评估，支持人员能够对儿童的困难与需要有更清楚的认识与理解，建立儿童发展基线，持续监控和评估社交、情感和学术功能，并绘制出儿童随时间变化的发展图。另一种较为常用的评估工具为《长处和困难问卷SDQ》③，这是一种简短的情绪和行为筛查工具，专为学龄儿童设计，问卷包括5个因子：情绪症状、品行问题、多动、同伴交往问题和亲社会行为。辅助的评估工具还包括执行功能行为评定量表、儿童愤怒表达量表、功能性行为评估、早期行为清单、自我意象量表、儿童抑郁自评量表，以及儿童焦虑相关情感障碍的筛查等。

一个"经典"的培养小组设立在一所普通学校（小学或中学）内，包括一位培养小组教师（the Nurture Teacher）和一位全职学习支持助理（a full-time Learning Support Assistant），为10~12名在普通学校注册的SEMH需要儿童提供服务，目的是解决他们未满足的社交和情感需要，并为他们提供必要的技能，使他们能够在学校里进行参与。英国的一项关于培养小组教师的角色、挑战与培养的研究指出，好的培养小组教师的特点是富于创造的、清晰

---

① Carmel Cefai，Paul Cooper. The introduction of nurture groups in Maltese schools：a method of promoting inclusive education [J]. British Journal of Special Education，2011，38 (2)：65-72.

② Colley D. Nurture groups in secondary schools [J]. Emotional and Behavioral Difficulties，2009，14 (4)：291-300.

③ Goodman R. The strengths and difficulties qestionnaire：a research note [J]. Child Psychology and Psychiatry，1997，38：581-586.

的、接纳的、灵活的、乐于助人、富于激励和感性的①。在学校一周中的10个半天课程中，培养小组运行9个半天（这样的培养小组叫“full-time”nurture groups，还有非典型的培养小组叫“part-time”nurture groups，通常一个星期运行半周的时间。上学日，学生依然在主流班级里签到，当不在培养小组上课时，他们会回到主流班级参与课程学习。SEMH需要儿童能够全日制安置在主流班级里，是培养小组的培养目标。

培养小组的关键特征：培养小组的学习环境是可预测的，并经过适当调整，以便让学生感到安全和自信地参与学习；儿童完全有权获得学校支持，并在实现学习目标方面获得成功。小组人数较少，培养小组的工作人员可以频繁且密集地与儿童交流，使其得到更多的关注。培养小组的教师和助教在支持学生方面起着特殊作用，他们可以定期提供反馈并针对学生在学习和行为上的优缺点设置目标，不断地为学生树立榜样，并举例说明如何启动和维持与他人的积极交流。培养小组的房间设计舒适，房间里的物品具有特定的功能（例如用于培养自我意识的镜子，用于发展信息和沟通技巧的计算机，用于共享早餐和工作的桌子等）。培养小组提供全面、完整的课程，将正式的学术课程与旨在解决社交、情感和行为因素的课程结合起来，通过理解社会经验、社交情感之间的关系来支持学术学习和认知发展。

培养小组的运行：培养小组清楚地为每位学生确定了进入和退出小组的标准和日期，并为学生设计特定的学习和行为目标，制订个别化教育计划（IEP），明确学生的需求，以及如何解决这些需求。早上，学生参加班集体的主流课程，然后由培养小组的工作人员集合起来，并带到培养小组教室完成一天的课程。在培养小组的周期快要结束时（可以持续2—4个学期），学生通常会在主流课堂上花费越来越多的时间。一般经过3—4个学期，学生便可以融入全日制主流教室。

此外，培养小组还是学校的情感素养与行为支持资源中心及父母教育中心。培养小组向教师和家长开放，为教师和家长提供咨询。培养小组的工作人员与主流教室工作人员密切合作，以确保支持的连续性和方法的一致性。

---

① Corinne Syrnyk. The nurture teacher: characteristics, challenges and training [J]. British Journal of Special Education, 2012, 39 (3): 146-155.

另外，培养小组的工作人员也与孩子的父母密切合作，将专业技能与经验传授给他们，提供教养技能，以确保家庭支持的有效性。

二、SEMH 需要儿童的支持与干预——发挥系统改变的力量

系统观点：困难与系统脉络的关联

所谓“系统观点”就是帮助人看清某种关联性的一种视野（frame of reference），视野对我们知觉这个世界、理解周遭发生的事情很关键。儿童的特异经验和问题行为，在很大程度上可以从他们的家庭遭遇（process）及家人间的互动运作（praxis）中得到理解，然后从这份源自家庭内部、经验性的理解中，找到推动改变的资源和力量①。试图从关系和发展的脉络（contexts）来理解一个人的心理困扰与问题行为，并从系统脉络中寻求解决之道，这便是所谓的“系统思维”。系统思维使得协助一个人改变的途径更多元，不再局限于个人身上②。人不是一个个体，而是一个生态系统，人的健康和幸福取决于生态系统的健康状况③。这需要从家庭、学校、社区和社会等系统方面着手，更全面地应对儿童身上所出现的社交、情绪和心理健康需要。

系统改善：充分发挥系统改变的力量

强调通过系统的改变来达到改善困难的目的，儿童所处环境中的不良因素对其困难的出现负有责任，应通过支持方案的设计与实施来减少或调整环境中的不良因素，从而使儿童与所处环境保持更适切的关系。

人类大脑“晚成”这一简单的事实就是人性最鲜明的特征，也是人类生活的基本情况。儿童过于依赖他人，父母要独自承担供养和照顾婴儿的任务很难，因为不仅要关注、保护他们，还要抚养、教育他们。若想让人类继续繁衍下去，成人与孩子的比例必须达到 4：1。这是养成人类强大的大脑需要

---

① 赵文滔，许皓宜．关系的评估与修复——培养家庭治疗师必备的核心能力［M］．上海：华东师范大学出版社，2017：18.

② 赵文滔，许皓宜．关系的评估与修复——培养家庭治疗师必备的核心能力［M］．上海：华东师范大学出版社，2017：19.

③ 约翰·瑞迪，理查德·曼宁．医生最想让你做的事［M］．北京医师跑团，译．杭州：浙江人民出版社，2019：50.

付出的真正代价[1]。SEMH 需要儿童家庭养育环境不佳，他们在成长早期缺少关注、被忽视，经受三大饥饿（刺激饥饿、认同饥饿、结构饥饿），这些不断累积，加之社会生活中的各种“隔离”，学校教育系统中缺乏专业支持等，最终导致了儿童 SEMH 需要的不断推演。

通过系统改变和系统支持的力量，从学校、家庭、社区、社会层面为此类儿童提供支持与干预，从而促使他们从困境中走出。

学校层面：设计与实施多元支持方案

概念上的明晰和观念态度的转变。目前，普通学校对于 SEMH 需要儿童的认识存在着概念模糊、“污名化”的现象。有些学校里设置专门的心理辅导室，但是并没有真正使用过。在普通教育环境中有部分教育领导者和教育工作者认为，支持这些儿童是“额外的任务”，更有教育领导者认为，支持他们是一种负担。对于专业支持机会与资源的输入，有一些教育领导者是拒绝的，甚至拒绝这些儿童在普通教育环境中的融入与适应，以免他们给学校与班级带来麻烦。

教师态度、信念、价值观的驱动。教育工作者经常被认为是弱势年轻人生活中的一个关键因素，并被认为是预防儿童一系列负面生活结果的干预措施，也是与儿童进行多学科、专业交流的重要参与者。为了有一个系统的改变和长期的积极结果，教师的态度、信念和价值观必须有一个改变。教师所采用的策略和干预措施应该通过潜在的信念和价值观来驱动。教师必须相信行为是可以改变的。教师需要提前思考，以防止不良行为的发生，应以积极的方式，向学生传达教师的期望。教师应诚实、尊重儿童，为可接受的行为设定界限，为学生的成就和进步的需要提供挑战，采用幽默的方式建立积极的师生关系。

打造关怀教室。提高全校学生对 SEMH 需要儿童的认识是提高学生对他们的接受度和包容度的普遍建议。成功的干预措施应侧重于创造环境和机会，在支持性和关爱性的环境中，可以安全地建立依恋和联系。教师、家长和照料者需要腾出时间与依恋不安全的儿童建立密切关系，与他们交谈，让他们

---

① 约翰·瑞迪，理查德·曼宁．医生最想让你做的事［M］．北京医师跑团，译．杭州：浙江人民出版社，2019：32.

表达自己的情感和感受。学生、家长和教师需要合作，并参与制订早期干预和指导计划。

在学校环境中，高质量的信任和尊重关系处于中心地位，尤其是在教师和学生之间。需要特别关注人际关系的发展，来支持那些经历困难的学生。学校应满足儿童的社交情感需求、价值感和归属感。另外，培养学生对学校的依恋，可以帮助他们最大限度地积极参与。在充满关怀和支持的教育场所里，教师向儿童表现和示范充满仁慈与关怀的行为，并鼓励儿童用同样的态度对待彼此。这种教室文化能营造最佳的学习氛围，儿童的大脑能达到最佳的认知效益，也比较有心力关怀他人。“关怀教室”对误入歧途的高风险儿童尤其重要，这些儿童的幼年时期可能生活在贫困、虐待或忽略的环境中。研究显示，在高风险环境下还能突破困境、活出崭新人生的儿童，往往是遇见了一位有爱心的大人，而这位大人多半是他们的老师。因为老师重视他们、理解他们、打心底真挚地关怀他们，并看见他们的潜力①。

给予教师专业支持。英国学者 Latha Hackett 等向两所学校 71 名 SEMH 需要儿童的家长和老师发放调查问卷，结果表明他们这一群体所感知到的心理健康困难远高于全国水平，教师和家长都认为需要从教育、社会关怀、健康和其他服务中获得专业支持②。英国的一项对 150 名教师关于他们的职业经验和对 SEMH 儿童的看法进行书面叙述的分析中指出：教育心理学家在帮助教师与困难儿童发展积极的、可持续的、心理知情实践起到了重要作用③。为了提高教师的自我效能感，研究者提出了支持框架和行为管理策略，包括先决条件策略：教育调整（学习上的调整、提供结构）、家长联系，让父母参与进来、与父母合作（专注于解决问题）、家庭外部支持、寻求支持（同事的支持、校长或校董会的支持、外部支持）、改善师生关系（减少学生的依赖性、提高师生参与、减少师生冲突）、制订个人教育计划（观察行为、评估、学生需求调查），激励期待的行为（不良行为的后果、纠正行为、忽视行为、积极

① Daniel Goleman，Peter Senge. 未来教育新焦点［M］. 台北：远见天下文化出版社，2015：77-78.

② Latha Hackett，Louise Theodosiou. Mental health needs in schools for emotional，behavioral and social difficulties［J］. British Journal of Special Education，2010，37（3）：148-155.

③ David Armstrong，Fiona Hallett. Private knowledge，public face：conceptions of children with SEBD by teachers in the UK—a case study［J］. Educational and Child Psychology，2012，29（4）：77-87.

的方法)，专业化（独立研究、教师辅导）；社会参与策略：友谊和关系（促进班级友谊)、交往与互动（一起玩：促进他们在教室内外与学校内外与一个同学或更多的同学玩在一起；一起学习：促进他们与同伴在学习上合作)、被同学接纳（提高其社会地位或在小组中同学的接纳度)、社会自我认知（行为评估：通过学校老师、同学或他们自己的评估、评价调整个人行为；训练与反馈：通过学校老师来训练学生，给予反馈)。社会交往和其影响是中心课题[①]。另有研究者提出，防止儿童行为困难发生的 8 种策略：（8R)：建立积极的关系（Building Positive Relationships)、制定常规（Developing A Routine)、制定规则（Setting Rules)、持续不断地强化（Constant and Consistent Reinforcement)、奖励（Giving Reward)、让儿童对自己的行为负责（the Child' Taking Responsibility for His/Her Actions)、以积极的方式做出回应（Responding in A Positive Manner)、使用一些策略以快速重建适当的行为（Some of the Strategies that Teachers Can Use to Quickly Re-Establish Appropriate Behaviors)。这些策略和方法是可以实现的，并且已经经过成功的测试。

教师助理的补给。教师助理于 20 世纪 60 年代被引入课堂，通常被视为课堂助手，其主要职能是促进教师的非专业职责。随着越来越多的 SEMH 需要儿童进入教室，教师助理的职位数量逐年增长。在英国，2000 年有 7.9 万位全职教师助理，到 2013 年就增长到 24.4 万位全职教师助理。人们对以学校为基础的培养方法来满足需求越来越感兴趣，之前的研究更多地指向学术表现、社会功能、学生观念、家长和教师等，但对教育场所中的教师助理却很少关注。有研究指出，教师助理在课堂中的角色和专业化需要进一步澄清[②]。对于有特别需要强化支持的 SEMH 需要儿童，学校可以增设教师助理的岗位，组织、管理与支持教师之间协同解决他们的学校适应问题。

提供个性化学习。英国学者建议为他们提供个性化学习和教育包。其中，扩展新方向项目（Extended New Directions Project）旨在提供灵活和个性化的

---

① R R de Leeuw，J Bijstra，Jeremy Swinson，*et al*. Teacher strategies to support the social participation of students with SEBD in the regular classroom [J]. European Journal of Special Needs Education，2018，33 (3)：412-426.

② Corinne Syrnyk. Knowing Nurture：Experiences of teaching assistants for children with SEMH [J]. British Journal of Special Education，2018，45 (3)：329-347.

教育，采用替代性课程，以帮助中学生重新参与。每个学生都要遵循个性化的时间表来满足他们的需求，包括知识、计算、信息和通信技术等必修核心技能课程，以及个人与社会发展、培养关键生活技能的课程、体育、职业和大学安置，还有工作经验等其他课程。扩展新方向项目建立在当地社区的不同地点，为“学习社区”内的年轻人提供教育，最终目标是减少未经正规教育就辍学的年轻人，提高出勤率、减少青少年犯罪等①。

利用户外学习可提高 SEMH 需要青少年的社会与情绪学习技能。英国一所特殊学校的户外学习课程，以 4—7 名 12—13 岁有 SEMH 需要的男孩小组为研究对象，课程为期一个学年，每周一天，有 3 次户外住宿机会。该项目配备了 3 名户外实践者。通过户外学习干预活动，比如木筏建造和旅行、森林学校活动、一起做热巧克力、堆垛板条箱、控制水桶等，来提高他们的社会与情绪学习技能，从而减少问题行为。研究发现自我效能感的增强有助于参与者组内社会结构的改善，同时参与者提高了出勤率、准时率和参与干预的积极性②。

来自马里斯特学院和马耳他大学教育学院的两位学者 Jonathan Camenzuli 和 Michael A. Buhagiar 以行动研究方法为基础，探讨了探究式学习在 SEMH 需要学生数学教学中的应用。结果表明，在数学课堂上使用探究式学习可以从多方面为学生带来好处，包括在课堂中注入快乐感觉，改善学生的行为和学习动机，促进数学学习，提升学业水平③。

把社交情感参与放在课程的核心位置，可以为儿童提供机会。在苏格兰一所贫困中学，选取了 69 名 SEMH 需要的中学生参与干预，干预主要集中在协作的、基于讨论的活动上，旨在培养学生的反思、理解和思考能力，提高他们的个人内部智力。研究结果表明，大多数学生至少在某种程度上对他们的行为有了更深入的了解，并且这些结果在干预后的两年内仍然是有证据证

---

① Mandy Ewen, Keith J Topping. Personalised learning for young people with social, emotional and behavioral difficulties [J]. Educational Psychology in Practice, 2012, 28 (3): 221-239.

② Alan Charles Price. Action research in outdoor learning: promoting social and emotional learning in young people with social emotional and behavioral difficulties [D]. Birmingham: the school of education university of Birmingham, 2016: 29.

③ Jonathan Camenzuli, Michael A Buhagiar. Using inquiry-based learning to support the mathematical learning of students with SEBD [J]. The International Journal of Emotional Education, 2014, 6 (2): 69-85.

实的①。

牛津大学教育系 Ian Thompson 和 Alice Tawel 两位学者研究发现以创造艺术为基础的干预可促进他们的社会情感发展，以减小被学校排斥的风险。此研究使用一系列定性研究方法，包括观察和访谈，从 11 名 11—16 岁 SEMH 需要儿童的角度探讨了创造性艺术干预改变他们艰难的社会发展状况的潜力。研究结果表明，艺术组织为这些青少年提供了有关个人、文化、历史体验世界的新方式，在安全的环境中尝试创意。在成为一名艺术家的过程中，采用一种新的身份使他们重新建立与世界的关系。通过游戏的社会情境激发想象力可以改变他们对未来世界的看法②。

重视有效的学术指导。学术问题通常是他们表现出的行为问题的核心，并且与许多特定技能有关③。他们在阅读、写作和数学方面表现出学术缺陷。此外，一些儿童在处理速度上有缺陷和临床语言上的缺陷。常见的误解是老师必须首先控制儿童的行为，然后才能进行教学。实际上，有效的学术指导为实施强有力的行为管理程序提供了背景④。加强学习行为可以提高有困难或风险儿童的行为表现。采用有效的教学实践（例如积极强化、直接教学、清晰指示、给予儿童更多的回应机会、提供选择权），儿童可以实现更高的学术参与度和表现，并减少行为问题。

借鉴积极心理学。积极心理学，目的是提供一种乐观的方式来概念化年轻人的生活。消极的经历可以培养积极的品质，确定一系列优势和资源是他们早期消极经历的结果，以叙事为导向，分析他们故事中的成长主题，提示他们对未来的希望和渴望。提供给年轻人讲故事的机会，让他们能够专注于

① Joan Gaynor Mowat. The development of intrapersonal intelligence in pupils experiencing social, emotional and behavioral difficulties [J]. Educational Psychology in Practice, 2011, 27 (3): 227-253.

② Ian Thompson, Alice Tawel. Becoming other: social and emotional development through the creative arts for young people with behavioral difficulties [J]. Emotional and Behavioral Difficulties, 2017, 22 (1): 18-34.

③ Landrum, T J. Handbook of special education [M]. New York, NY: Routledge, 2011: 209-220.

④ Timothy J Landrum. Emotional and behavioral disorders. //J M Kauffman, D P Hallahan (Eds.), Handbook of special education [M]. New York, NY: Routledge, 2011: 209-220.

他们要去的地方，而不是他们去过的地方①。

呼唤成长心态。斯坦福大学心理学家卡罗·德威克识别出了两种心态——固定心态和成长心态。成长心态相信能力和才华是可以发展的，努力可以激发能力并成就自己。成长心态意味着愿意拥抱挑战、在挫折面前坚持、把努力视为掌握的途径、从批评中学习、从他人的成功中汲取教训和灵感。

以正念为基础的干预措施可有效减少儿童注意力缺陷多动的症状。正念冥想训练改善了儿童执行功能和情绪失调的某些方面。正念训练可提高幼儿抑制控制和延迟满足的能力②。正念训练，能让儿童保持专注，尽快从躁动不安中恢复安静，帮助他们在一天的学习中更轻松地从一项活动转向另一项活动。提升儿童自我觉察，培养认知能力、情绪和行为的自我管理，减少压力感。儿童的正念训练包括：正念倾听、正念走路、呼吸伙伴练习等。

坚持天赋优势原则。人在发现自己天生做得好的事情时，都能找到高水平的成就感和个人满足感，这也激发了人的激情。让他们找到自己的动力元素，而动力元素就在儿童的天赋和激情中。儿童在做自己喜欢做的事情时，他们觉得自己是最真实的，他们比任何时候都更活跃、更集中、更有活力。教育要帮助儿童体验到完美时刻，帮助儿童成为更美好的自己，同时善待他人和世界；教育要尊重人类惊人的多样性和个人天赋，看到儿童非凡的成长和发展潜力。对未来的最大希望是发展人类能力的新范式，以迎接人类生存的新时代。

安排课堂活动休息。课堂活动休息（Classroom Activity Breaks），主要为小学儿童设计，大概 10 分钟，让他们从常规课堂中脱离出来休息一会儿，目的是让儿童在日益繁忙的课程中参与体育活动。课堂活动休息允许儿童在上学期间站立和移动，为他们提供了一个提升其日常体育活动水平的机会。活动是简单的，不需要对教师进行什么培训，可以在课堂上灵活地实施，不需要特定的时间安排，并且可以在有限的空间内进行。SEMH 需要儿童通常自

---

① Charlie Tellis-James，Mark Fox. Positive narratives：the stories young people with social，emotional and behavioral difficulties（SEBD）tell about their futures［J］. Educational Psychology in Practice，2016，32（4）：327-342.

② 任俊，陆春雷，吕沛泓．正念训练提升幼儿努力控制能力的干预研究［J］. 中国特殊教育，2019（5）：85-90.

尊心较低，与同龄人相比，可能处于较低的社会发展水平，并且对新的活动感到恐惧。他们与同龄人相比，可能具有较低的运动协调水平，这会使他们很难参与某些活动。不应消除他们的体育活动，而应避免他们与同龄人任何的身体接触。以课堂为基础的体育活动对他们的益处包括：有助于增加日常体育活动，提高自尊，提高认知能力，提高社交技能，是改善注意力和任务行为的重要媒介。活动不需要设备，不具竞争性，简单易懂，可以在课桌上进行，不涉及身体接触、精确协调或被小组中挑选出来。一些最受欢迎的活动包括某种形式的音乐、歌曲或节奏。

提供良好的感官与环境空间。提供多感官方法，比如声音，图片，符号，以吸引儿童的注意力，契合他们的学习风格；最小化教室与环境中的噪声；使用视觉提示和可视化时间表；把活动或任务分解成可管理的小块任务；考虑教室里的座位安排，哪里最适合他们安坐；提供符合儿童兴趣的平静活动；设置当儿童需要时可进入的安静角落；儿童学习与玩乐时间的结构化；在课堂中提供可以动手操作的活动时间等。

培养儿童的社会能力——解决问题的能力。他们存在社会和情感技能的欠缺，缺少解决问题的策略。遇到问题或困难时，他们多以情绪或行为问题的方式来应对。解决问题的能力与情感健康之间有着至关重要的联系：在意自己的感受，也能理解别人的感受，并且能解决日常冲突，将会更成功，并且能更好地与别人相处。如果儿童能理解自己及他人的感受，他们能够做到：对于自己想要的东西，能够等待；当得不到自己想要的东西时，能够处理自己的失望情绪；与同龄人更好地相处；控制自己的冲动和攻击性；抵制同龄人的压力。

解决问题的策略：ICPS（I Can Problem Solve）——我能解决问题

· 明确问题所在；

· 理解自己及他人的感受和看法（儿童必须首先在乎自己的感受，然后才能在乎别人的感受）；

· 理解别人的行为动机；

· 思考解决问题的多种办法；

· 预估解决办法的结果；

· 分步计划。

这些策略使儿童能够发展一系列社会技能，从而加强他们的人际关系，鼓励亲社会行为。

开展以学校为基础的同伴辅导方案。成功实施以学校为基础的同伴辅导方案可能十分成功。如果同伴辅导方案和措施得到有效实施，可以促进同龄人的亲社会行为，减少欺凌的发生率，从而导致更积极的关系，改善对学校的态度，提高自尊心。

实施社会与情绪学习（Social Emotional Learning，SEL）课程。社会与情绪学习是指儿童与成人发展技能、态度、价值观以获得社交与情绪能力的过程，包括控制自己的情绪、发展对别人的关心与照顾、做出负责任的决定、建立并维持良好的人际关系、有效地处理各种问题的能力。社会与情绪学习越来越被认为是学术和生活成功的重要组成部分。在许多学校中，社会与情绪学习是加强学生学习成绩、改善学校和课堂氛围、减少行为问题的综合战略的一部分。通过对 6 个著名的 SEL 项目的效益成本进行分析发现，这些项目的原始投资回报率为 11：1。社会与情绪学习促进了儿童与青少年情绪调节、社会意识、冲突解决和负责任的决策等方面的技能发展，所有这些对学生在课堂内外的成功都至关重要。这些非认知技能不仅与学生成绩的提升、行为问题的减少有关，也与他们后来的教育和就业的选择有关①。社会与情绪学习能改善儿童的情绪、态度与行为，促进道德发展，同时也影响学业表现。学校中实施社会与情绪学习方案，儿童的利社会行为增加 10%，包括上课时举止得宜、喜欢上学、出勤率佳等；反社会行为则全部减少 10%，包括上课时捣乱秩序、暴力行为和霸凌，学业成绩下降 10%②。通过社会与情绪学习，儿童青少年可以成为全面的、负责的、关怀他人的个体。他们将会拥有更强的学习动力，更愿意接受挑战，更愿意考虑他人的感受。将社会与情绪学习融入学术学习至关重要。要寻求打破一些学校似乎采取的 SEL 的分门别类方法，如独立课程，每周开展一次，这样几乎没有后续。

---

① Todd I Herrenkohl，Tiffany M Jones，Charles H Lea Iii，*et al.* Leading with data：Using an impact-driven research consortium model for the advancement of social emotional learning in schools ［J］. American Journal of Orthopsychiatry，2020，90（2）：283-287.

② 丹尼尔·高曼，彼得·圣吉. 未来教育新焦点：专注自己、关怀他人、理解世界［M］. 许妍飞，译. 台北：远见天下文化出版股份有限公司，2015（3）：37.

家庭层面：改善与修复家庭养育环境

“当孩子走进来时，我们是否能花一点时间，真正地看到他，并确认他的存在”“是否尝试放下自己的视角，从孩子的视角想象这个世界”“从孩子的角度想象一下父母的模样和声音，即此刻作为家长的你是怎样的”“觉察父母对孩子的期待，并考虑它们是否真的对孩子最好”“练习无私的爱，对他人福祉的无私关切”“在心里保有每一个孩子的形象，祝福他们”①。爱与联结是同步发生的。如果创造了充分联结的童年，就会创造充满爱的童年。平静而充满联结的生活，会让儿童拥有不容易被打倒的幸福人生②。

改善与修复家庭养育环境，增强父母教育儿童的意识，提升父母对儿童的关注度，增加父母陪伴儿童的时间与机会，提升父母养育技能，创设丰富、有趣的亲子活动，走出家门、走入一个更广阔的社会交往场景，与周围的人、事、物和活动建立联结，同时帮助儿童找到他们喜欢什么、爱什么，以及在乎什么，儿童有几项喜欢的活动，就很可能通过这些活动累积喜悦、信心和自尊，从而改善儿童在社交、情绪和心理健康方面的问题。

加强父母的角色建设。父母在儿童的教育成功中可以发挥重要作用。学校可以通过多种方式创建和传达这些信息，例如，通过提供有关家长积极参与如何支持学生学习的具体信息，以及创造和维持一个重视和尊重家长建议的环境。与家长明确沟通他们积极参与学校教育的重要性。可以通过双向沟通来实现，在这种沟通中，学校和教师不仅提供信息，而且倾听并考虑到家长的想法和贡献。建立更有效的家长参与可能需要学校培养强大的聆听技能，以及适应和灵活性的习惯。为一致的、无障碍的互动交流创造各种机会也至关重要，例如，通过在教室安装通信设备、保持足够的互联网连接以支持电子邮件、创造轻松愉快的家长与教师互动的机会，以及分配资源以支持家长与教师的沟通，如在学校创建“家长+教师”对话室。

提高父母效能感。父母帮助儿童在学校取得成功的效能感对于积极的家庭与学校关系非常重要。父母如果认为自己的参与会给儿童带来改变，他们

① 麦拉·卡巴金，乔恩·卡巴金．正念父母心［M］．童慧琦，译，北京：北京联合出版公司，2016：145-279.

② 爱德华·哈洛韦尔，约翰·瑞提．分心也有好人生［M］．丁凡，译，太原：山西教育出版社，2011：114.

很可能在挑战面前坚持下去，并克服困难，取得成功。提高父母效能感的步骤包括：通过鼓励孩子，模拟学校适当的行为，如增加家庭作业时间、加强学习任务的坚持、使用有效的学习策略、更好的课堂行为，以及更坚定地相信努力在学习中的重要性。向家长提供具体反馈，教师可以就具体的家长行为和儿童的进步提供反馈，也可以向他们讲述相似的父母成功的故事。最后，教师和学校还可以将反馈重点放在家长更普遍的参与上，例如，家长如何向儿童传达学校的重要性，家长对儿童努力的鼓励如何支持儿童对学习结果的控制感。

提高家长对参与学校邀请的看法。发展明确尊重和发扬家庭文化和家庭优势的欢迎实践。这一战略可以以各种方式实施，包括：在学校入口区和走廊进行视觉展示，发展全校对家长的积极反应（例如，礼貌和明确地回应家长电话和访客，以“客户友好”的态度回应父母或家庭成员的问题和关切）。学校还可以利用现有的结构，提供家长和学校人员之间定期接触点（例如，课后课程），以此传达家长的参与是一贯受欢迎的、被期望的和有价值的。

提供全方位的家庭和学校参与机会。除了传统的家长参与活动，如学校开放日、家长+教师会议、儿童成长圆桌会、儿童发展进度报告之外，还可以将参与活动扩大到其他不太传统的参与办法，包括帮助家长和教师更有效地满足儿童需求的教育方案的设计，以及家长与教师的合作，重点是加强社会情感学习——这是家庭和学校共享的发展领域。扩大参与活动的范围往往对家长参与儿童教育至关重要，特别是与学校关系疏远的家庭。

开发交互式家庭作业。为了让家长更积极地参与，可能会要求儿童征求家长或其他家庭成员的意见（如果时间短且易于实施，这些请求通常最为有效）。学校还可以提供具体的、有时间限制的、适合发展的建议，例如，“本周三晚，一起阅读 10 分钟”“一起讨论一个今晚的家庭作业问题”。

开设父母学堂，提供父母支持计划。开设父母学堂，让家长了解儿童的身心发展规律和特点，了解儿童的发展现状和特殊教育需求，以及家庭可以为之提供哪些支持和帮助。同时，教授家长掌握正面管教的思考方式和做法。正面管教是一种在相互尊重的基础上，运用和善与坚定并行，强调解决问题并教给孩子有价值的社会和人生技能的可靠方法。正面管教的方式是儿童需要归属和自我价值感；对归属和自我价值感的错误信念，可能导致孩子做出

"不良行为"；理解错误信念能让父母做出有帮助的回应。

构建家校伙伴关系。环境之间支持性的联系会产生更大的健康发展潜力。当学校和家庭密切合作时，儿童会受益。这些好处包括更好的考试成绩，更好的出勤率，更好的人际交往技巧，以及更负责任的行为决策。当家庭和学校对教育的价值、对绩效的期望，以及对教育规划的支持保持一致时，儿童积极的学习习惯将最大化①。

构建家校伙伴关系的策略有：明确阐明家庭与学校关系（例如双向沟通）影响学生的学术、社会、行为和情感学习。让父母知晓，他们是实现儿童最佳教育目标不可或缺的一部分。确保所有家庭，即使是那些与学校接触有限，或与学校有负面个人经验的家庭，都要了解学校的运作方式。促进父母积极参与决策。教育者应通知、邀请家长，共同解决儿童的问题和改善学业表现。确保家长有充分的机会举办建立信任的活动，例如，学生庆祝活动、校长时间、家庭欢乐之夜、旨在解决家庭与学校问题的委员会、家长和学校人员共同学习的讲习班。通过促进双向沟通、加强家庭和学校之间的问题解决、鼓励共同决策，以及加强一致的支持，为优质的学校与家庭伙伴关系的构建保驾护航。

社区层面：提供全方位心理健康服务

SEMH 需要儿童护理服务系统，如行为健康、特殊教育、儿童福利、少年司法，正投资于以家庭和社区为基础的服务模式，使 SEMH 需要儿童能在家中得到全面的社区心理健康服务支持②。有 45 个社区系统为有情绪和行为障碍的家庭和青年提供环绕式的服务，为其寻找资源或给予直接的干预服务。此环绕式的服务模式包括其服务阵列中的父母同辈支持，由分享照顾困难儿童生活经验的照顾者提供。这些提供者被称为父母同辈支持伙伴，或被称为家庭倡导者、家庭支持专家、家长拥护者或资深父母。目标侧重于确保父母及其照料者接受服务，以提供情感支持和理解，提供给父母喘息的时间，减

---

① Evanthia N Patrikakou，Roger P Weissberg，Sam Redding，Herbert J Walberg. School - family partnerships for children's success [M]. New York：Teachers College Press，Columbia University，2005：40.

② Cindy Mann，Pamelas Hyde. Coverage of behavioral health services for children，youth，and young adults with significant mental health conditions [J]. Center for Medicare & Medicaid Services，2013（5）：1-11.

轻照顾 SEMH 需要儿童所经受的压力（如焦虑、缺乏个人时间、疲劳、悲伤、内疚、家庭关系破裂），提高父母自我效能（处理复杂问题及儿童的消极行为和情感），加强家庭的社会支持网络①。

SEMH 需要儿童时常在许多领域里都会面临困难。他们和其家庭所面临的一个重要的问题是无计划的、随意的人类服务系统。而全方位服务的方式正是针对随意的服务系统而提出的。把一个个孤立的服务项目组合成一个统一的整体，为儿童和家庭提供全方面的支持。为每一位儿童及其家庭提供什么样的全方位的服务？取决于他们需要什么。他们可能需要行为支持，需要家庭内部的咨询，情况的处理，或者家长支持性的培训，他们可能需要钱参加俱乐部，进行体育锻炼，接受特殊教育，或者购买基本的生活必需品等。全方位的服务计划，运用分配到教育、社会设施、精神卫生机构的资金，并且改变现有资金的用途，来满足个体的需要，而不是仅仅把儿童放在一个计划的限制里②。

呼吁幸福的教育生态圈的形成。创造安全、关心、参与式、积极回应的学校和社区，以持续、合作的方式提升学生的社会和情感能力。呼吁教师和学校领导用心支持每位儿童的成长，不仅在学术上，还包括在社会和情感上。与儿童的家庭和社区一起，帮助其实现他们的愿望，并对社会做出积极的贡献。努力构建小型学习社区，比如将 3000 人的大学校缩减为 300 人的小型学校，确保每位学生都感受到学校内至少有一名成人与他们建立联结。建立学校支持团队，使他们得到及时的、一对一的持续关注。

加强儿童青少年心理健康疾病的科学研究。开展儿童与青少年教育质量的评估研究，筛选出高风险儿童，进行早期干预。大学研究机构可组织研究团队，开展家庭教育质量研究，编制出基于父母具体的教养行为和生活事件的、客观、科学、有效的家庭教育质量评估工具，探讨家庭教育质量与儿童心理健康发展的关系，为高风险儿童及其家庭提供早期干预方案和支持计划。

---

① Geetha Gopalan, Maria Jose Horen, Eric Bruns, *et al*. Caregiver perceptions of parent peer support services within the wraparound service delivery model [J]. Journal of Child Family Studies, 2017 (26): 1923-1935.

② 路得·特恩布尔，安·特恩布尔，玛里琳·尚克，等．今日学校中的特殊教育（上册）[M]．方俊明，汪海萍，等，译．上海：华东师范大学出版社，2004：242.

建立与完善儿童青少年心理健康研究队列，综合运用社会学、流行病学、生物统计学等手段，加强儿童青少年心理疾病的多种临床医学研究，不断完善儿童青少年心理疾病诊疗指南[①]。研究团队可向国家社科、省级社科部门申报专项研究经费，并能受到上级部门的重视和倾斜。与此同时，呼吁社会上拥有大量财富的个人或团体来资助、捐款、成立困难儿童发展研究中心，让更多的研究人员、专业人员投入儿童健康发展的工作。

破解儿童生活中的各种“隔离”。外部大环境的隔离与家庭内部糟糕的养育环境，共同影响了儿童 SEMH 需要的发生。破解这一难题的钥匙，就在于改善家庭养育环境，同时有意识地突破各种“隔离”，重构家庭微弱或缺失的社会关系，减少和规避亲子隔离、居住隔离、语言隔离、社交隔离、文化隔离、社区隔离等。

父母要有主动改变的意愿和动机，努力营造良好的家庭养育环境，为儿童身心健康成长提供良好的家庭土壤，比如干净整洁的居住环境、良好的生活习惯和语言习惯、温馨的家庭氛围、良好的人际关系、学说普通话消除语言交流障碍，以及社会适应能力方面的引领和培养。同时，父母愿意走出家门带孩子主动融入当地社区，增加社交机会，通过串门、走亲戚、寻找小伙伴做游戏、赶庙会、赶集市等，与当地人建立联结。

父母同辈支持。困难家庭中的父母处于各种各样的压力和焦虑之中，需要有人倾听他们的心声、疏导他们焦虑不安的情绪，以及给他们支招，帮助他们解决在教养儿童过程中的困惑和疑虑。提供父母同辈支持，向困境中的父母分享照顾困难儿童的生活经验，给予情感支持和理解，为父母提供喘息的时间，减轻照顾 SEMH 需要儿童所经受的压力，提高父母自我效能，加强家庭的社会支持网络。

通过学校网络平台发布科学育儿的知识和亲子游戏活动内容，让父母有机会接触到科学育儿的理念和方法。开展父母学堂，传播科学的育儿理念、方法和策略；关注 SEMH 需要儿童的家庭，通过走访、慰问给予人文关怀，提供专业资源，帮助他们走出困境。普及养育知识和儿童健康成长的知识，

① 薛云云，肖煜吟，付航，等．青少年心理健康现状及改善对策——基于上海市 3 家医院的调查结果［J］. 中国卫生政策研究，2019，12（2）：65-69.

制作育儿知识手册发放给家庭。同时可以结合学校例行工作安排，开展家校活动和同伴互助活动，让彼此联结起来。提供专业培训机会，促进教师专业能力提升和丰富支持策略，创设同伴之间的互动与交往的机会，帮助 SEMH 需要儿童更好地适应。

社会工作者可以通过宣传、培训及讲座等活动，让父母懂得如何与 SEMH 需要儿童之间建立情感联结，给予他们心理安全感。同时，丰富社区文化，让这些家庭有机会了解当地的历史文化古迹，加深对生活之地的情感和依恋。开展丰富多彩的亲子活动，比如亲子绘画、摘种、烹饪、足球赛等活动，根据当地条件，创设因地制宜的活动，搭建“融合”平台，让他们能够走出来，与周边的环境、文化活动等相融，渐渐地扩展他们的生活圈和人际圈。

社会志愿者服务常态化机制。目前，社会上存在着各种形式的关爱儿童的社会志愿者活动，但类似的社会志愿者活动，往往是短时、随机、偶尔的行为，没有做到定人、定点、定时，也没有计划性和长远规划，缺乏长效机制。建立社会志愿者支持团队，对志愿者的资质进行审核，志愿者可以是大学生、退休人员、专业人员等，开展常态化的社会志愿者活动，使 SEMH 需要儿童得到及时、一对一的持续关注。对于照顾 SEMH 需要儿童的父母而言，他们与其捆绑在一起，精神压力较大，“我希望每个星期有半天的时间，有志愿者来陪我的孩子，让我有时间出去喘口气、散散步，过一过普通人的生活，这样我就很感谢了”，这是来自一位 SEMH 需要儿童母亲的心声。为减轻父母照顾困难儿童的压力，建议实施父母每周半日或一日喘息计划，提供一周半日的志愿者进家门陪伴困难儿童服务活动，为父母提供喘息空间和时间，缓冲父母育儿压力与疲倦。

家庭功能的修复与帮扶。家庭关系的四分五裂、家庭结构的混乱或分崩离析、父母离异、再婚、甚至三婚，对于儿童的影响是深远的。对于这类困难家庭的帮扶、修复与支持尤其迫切，帮助寻找社区志愿者来家庭中支持这类困难儿童很有必要。比如，一名儿童的父亲目前是三婚，他是父亲和第二任妻子所生的孩子，亲生母亲生下他就离开了家。他从小和奶奶长大，爸爸和第三任妻子结婚后搬离了原住所，后来又生了一个弟弟，目前弟弟 1 岁左右。他和奶奶相依为命。奶奶有糖尿病，膝盖长年疼痛，无法长时间行走，他基本上被“关”在家里，主要以看电视来填充一天的生活。像这样的家庭，需要为他们寻找社会志愿服务进家门，如果每周末志愿者能来家里陪伴他们，便能改变他们一直在家看电视的习惯。另外，需要积极和该童的父亲与后母联系沟通，建议他们尽量抽出时间给予儿童亲情陪伴和成长引领。通过外部支持与关注，促进其家庭内部关系的联结和改善。

学校、家庭与社区的信息互通。学校一旦发现儿童的行为（出勤、学业成绩等）突然变糟，需及时联系家长，当发现存在家庭矛盾时，需联系社区居民委员会，由社区居民委员会安排社会工作者上门调解、疏导、提供帮助。对于存在家暴的家庭，需及时向社区备案，保持家庭、学校、社区之间信息的互通，做到早发现、早报告、早干预。

家庭访视。通过家庭访视的形式提供科学的养育信息和方法，邀请儿童和父母都积极参与。提供关于健康、卫生、营养和儿童发展方面的信息并培训养育技能。以“母亲小组”的形式开展，通过小组学习与讨论的方式，母亲练习和孩子玩耍的技能，对儿童短期和长期发展都将会有积极的作用。

入户指导计划。由当地社区聘任工作人员担任巡回保育员，负责对社区家庭进行入户指导。

调动与发挥社会组织和社会工作者的力量，定期开展儿童联谊活动，丰富体育文化活动，使 SEMH 需要儿童能够有机会接触并参与丰富多彩的活动。开展主动性的强化家庭功能的公共服务，充分发挥社会组织和社会治理的作用，提供科普宣传、心理干预、经济赞助、亲子关系指导，以及帮扶。

被动求助、求助无门、力不从心、缺乏社会支持，是很多 SEMH 需要儿童家庭面临的困境。当发现儿童出现困难时，主要依靠学校或父母单方面寻求零散的社会资源，比如寻找心理咨询师加以辅导或到医院的心理科、精神科进行咨询或治疗，而对于困难家庭或薄弱学校而言，限于他们自身的社会能力，往往无法找到有力的社会资源。儿童心理健康问题的解决、家庭的处境改善，往往不是单靠心理咨询师、心理科医生或精神科的医生就能支持到位的，这是一个需要社会各部门相互联动、多种资源相互流通的系统工程。

发挥社会慈善力量。借助慈善组织、基金会、宗教组织的途径，不断吸取爱心人士、专业人士的力量来帮助这些困难家庭和 SEMH 需要儿童，比如爱心人士通过每周末入户帮扶的形式提供支援。

强化家庭功能的政策支持，基于家庭的需求与发展，制订人性化的政策支持计划。从家庭整体利益出发，以家庭为单位来设计、完善一系列强化家庭功能的政策支持。健全关爱服务体系，对于困难儿童及家庭做到早发现、早预防、早干预。完善社会政策，创造良好的社会环境。通过社会工作介入，一是个案工作介入，二是小组工作介入，破解“孤岛”“孤立”“隔离”状态。社会为困难家庭提供育婴服务，这是对家庭育儿必要和有效的补充。发动社会公益组织，加大对困难家庭、困难儿童的关注与帮扶。提供福利政策，对于特别困难的家庭提供一定的物质支持，保障他们的合法权利。

开设家长学习公益课程。指导家长建立和抚育儿童的良好的亲子关系，帮助家长解决一些儿童照顾中出现的问题。编写父母口袋书，育儿指导手册，定期发放给家庭阅读。

在社会中建立儿童行为干预和支持技术援助中心，为学校、家庭提供信息和专业上的支持。可以通过政府发放资助券的方式，有需求的家庭可以到社区申领，然后到援助中心申请免费救助。

对于SEMH需要儿童的母亲，用工单位应考虑给予照顾和支持。对于困难家庭和母亲，企事业单位在用工时间和劳动强度上给予倾斜和照顾，给予相对灵活、机动的工作时间，帮助、支持她们维持工作和照顾儿童之间的平衡，采用调休、适度延长零星假等方式帮助其渡过难关。

整合公共教育、卫生和社区资源，从家庭、学校、社区、社会等层面，共建良好的社会支持系统，形成幸福的支持生态圈。

三、社会与情绪学习课程的本土化探索与实践

积极心理学（positive psychology）带给人类的福音

2001年1月，塞利格曼（Seligman）等在《美国心理学家》杂志上，发表了*Positive psychology*：*An Introduction*，标志着积极心理学正式走入大众视野①。“积极心理学是致力于研究人的发展潜力和美德等积极品质的一门科

① Martin E P, Seligman M C. Positive Psychology: An Introduction [J]. American Psychologist, 2000, 55 (1): 5-14.

学”，这个定义道出了积极心理学的核心内涵[①]。它主张研究人类积极的品质，充分挖掘人固有的潜在的具有建设性的力量，促进个人和社会的发展，使人类走向幸福。塞利格曼教授认为蓬勃人生取决于五个元素：积极情绪（Positive emotion）、投入（Engagement）、人际关系（Relationship）、意义（Meaning）及成就（Accomplishment）。过去的心理学采用病理模式（Pathology Model），分析导致个体的病理因素后，专业人员提供治疗活动。而积极心理学强调积极的主观经验（例如：愉悦）、个体特质（例如：优势）与机构（例如：家庭、学校、职场、社区等提供个体发展优势，获得积极经验的机构）。

积极心理学强调人的内在积极力量与群体、社会文化等外部环境的共同影响与交互作用。尽管积极心理学者强调个体的心理、人格的良好品质，但仍十分重视社会文化环境，如人种、政治、经济、教育、家庭等因素对个体情绪、人格、心理健康、创造力，以及对心理治疗的影响。积极心理学重视个体的优势、调整环境和改变生活形态，增进生活品质，成为有喜乐、价值和希望的“3H”（Happiness，Helpfulness，Hopefulness）的人。

社会与情绪学习课程介绍

自 1994 年以美国哈佛大学心理学博士丹尼尔·戈尔曼（Daniel Goleman）为代表的美国教育学者提出社会与情绪学习（Social and Emotional Learning，SEL）以来，社会与情绪学习开始受到心理学和教育学者的关注。随后，戈尔曼组建了“学业、社会与情绪学习联合会”（Collaborative for Academic，Social and Emotional Learning，CASEL），该组织主要致力于以下五个方面的工作：一是收集科学证据，用以证明情绪学习对学生身体、学习、人际关系，以及成为良好公民的重要作用；二是在科学研究与实践的基础上，制定和完善社会与情绪学习的标准；三是不断吸收并推出社会与情绪学习课程，以满足学生的情绪学习需求；四是培训实施社会与情绪学习课程的教育管理者和专业教师；五是在课程实施中验证结果，并提出有效的改进策略[②]。CASEL 一直致力于将“社会与情绪学习”列为覆盖从幼儿园到高中各年级的学校教育必

---

① Kennon M，Sheldon Laura King. Why Positive Psychology Is Necessary [J]. American Psychologist，2001，56 (3)：216.

② 李超，蔡敏．美国中小学社会与情绪学习的实施与启示——“以积极行动”课程为例 [J]．外国教育研究，2015 (1)：89-97.

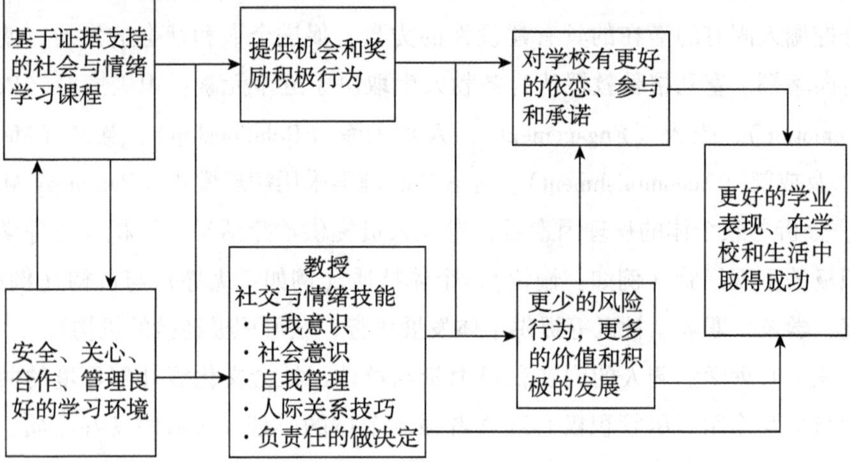

图 4.1　基于证据的社会与情绪学习课程在学校和生活中的成功之路

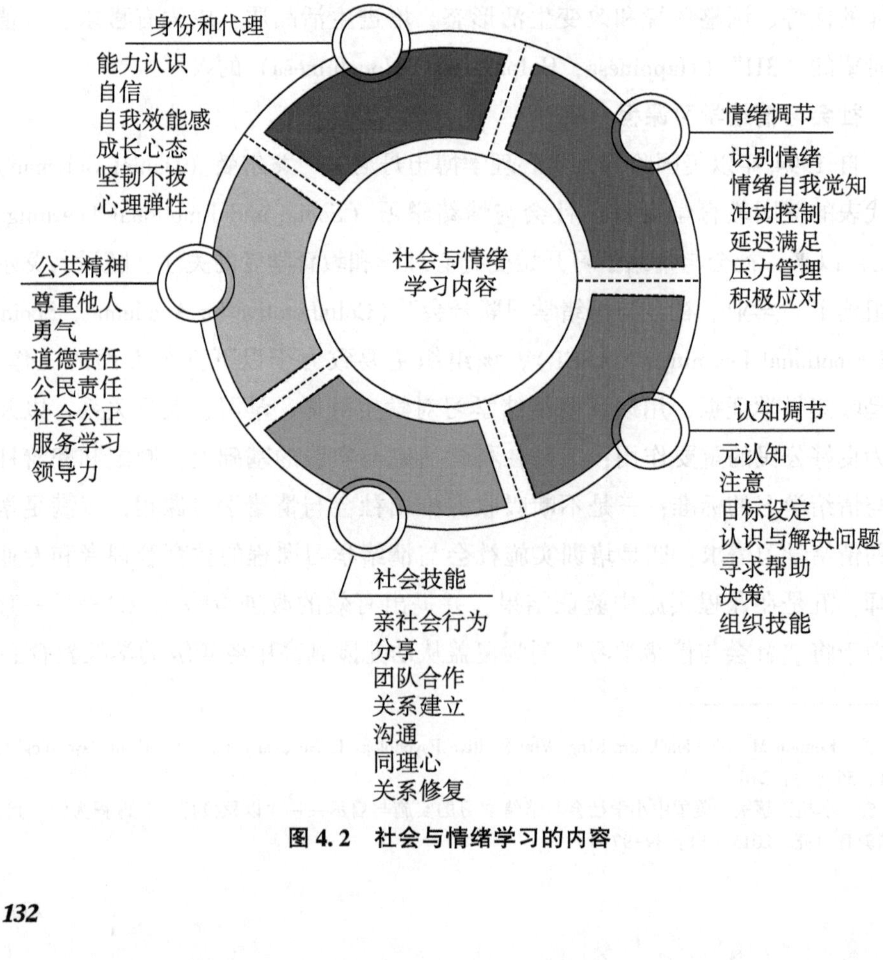

图 4.2　社会与情绪学习的内容

修课程，经过20多年的不断发展、研究和探索，该组织吸收并开发了众多课程，取得了显著效果。到目前为止，形成了比较成熟的课程形态，主要包括：注重活动的独立式课程、整合学科知识的渗透式课程和注重学校氛围营造的隐性课程①。

社会与情绪学习越来越被认为是学术和生活成功的重要组成部分。在许多学校中，社会与情绪学习是提高学生学习成绩、改善学校和课堂氛围、减少行为问题的综合战略的一部分。这些非认知技能不仅与学生成绩的提升、行为问题的减少有关，也与他们后来的教育和就业的选择有关②。

社会与情绪学习课程包括：（1）自我概念（身份与代理 Identity and Agency）：优势识别，自信，自我效能，成长心态，毅力和坚韧不拔，心理弹性。影响儿童青少年自我概念的因素包括识别自己的长处、尝试新事物的自信、自我效能、以毅力为动力的成长心态、从挫折中恢复弹性。（2）情绪调节：识别情绪、情绪自我觉知、冲动控制、延迟满足、压力管理、积极应对。（3）认知调节：元认知、注意、目标设定、认识与解决问题、寻求帮助、决策、组织能力。（4）社会技能：亲社会能力（照顾好自己、照顾好身边的人、照顾好所处的环境）、分享、团队合作、关系建立、沟通、同理、关系修复。（5）公共精神：尊重他人、勇气、道德责任、公民责任、社会公正、服务学习、领导力。

社会与情绪学习课程的本土化实践

实践学校为浙江省杭州市一所普通小学，学校半数左右的学生是外来务工人员子女。授课时间为每周五下午“1+X”课后服务时间。课程持续4个月，共17节课，每节课时长一小时。课程面向四五年级学生，通过家长和学生自愿报名的形式，共有17名学生参与，其中有5名SEMH需要儿童。每节课主要包含三个部分。

---

① 许苏，夏正江，赵洁．“社会与情绪学习”的理论基础与课程形态［J］．外国中小学教育，2016（2）：36，61-64．

② Todd I Herrenkohl，Tiffany M Jones，Charles H Lea Iii，Angela Malorni. Leading with data：Using an impact-driven research consortium model for the advancement of social emotional learning in schools［J］. American Journal of orthopsychiatry，2020，90（2）：283-287.

（一）第一部分：暖场活动

包括正念练习（正念倾听、正念凝视、正念走路、正念呼吸）；身体放松、舒展练习；听唱积极向上、唤醒美好心灵的歌曲；回顾上周心灵魔法课程记录（视频）。

1. 正念练习

正念练习，是指一次认真专注于一件事情，练习持续集中注意力，感受一次只做一件事时，大脑持续学习与成长的状态。了解高度集中注意力时，神经可塑性便发挥到极致。正念练习能让学生保持专注，尽快从躁动不安中恢复安静，帮助他们在一天的学习中更轻松地从一项活动转向另一项活动；提升儿童自我觉察，培养认知能力、情绪和行为的自我管理，减少压力感。以正念为基础的干预措施可有效减少儿童注意力缺陷多动的症状。正念冥想训练改善了儿童执行功能和情绪失调的某些方面。正念训练可提高儿童抑制控制和延迟满足能力①。正念练习包括正念倾听（把所有的注意力集中在倾听上）、正念凝视（把所有的注意力集中在凝视上）、正念走路（把所有的注意力集中在走路上）、正念呼吸（把所有的注意力集中在一呼一吸之间）等。

2. 身体放松和舒展练习

在学校学习的时间里，学生的身体多半是向内收着或缩着，提醒学生留给自己一段时间将肩膀打开向外舒展开来，做相反的姿势或动作，以让身体得到放松和舒展。

3. 听唱积极向上和温暖心灵的歌曲

听唱歌曲《你笑起来真好看》、《加油，少年》、《我相信》、《夜空中最亮的星》和《奉献》。歌曲中彰显乐观、勇气、身心能量、热情、人道关怀等积极品质。每节课选取一两首歌曲，将积极的语言重复、重复再重复，进入学生潜意识。通过听唱积极向上、激励人心的歌曲，运用积极的心理暗示，成为学生内在积极力量的向导。

（二）第二部分：心灵成长主题教学

社会与情绪学习中相关课程的讲授，以专题教学为主，包括专题一“积

① 任俊，陆春雷，吕沛泓．正念训练提升幼儿努力控制能力的干预研究［J］．中国特殊教育 2019（5）：85-90.

极的自我概念”、专题二“积极的情绪调节”、专题三“良好的社会技能”、专题四“利他的公共精神”和专题五“积极的认知调节”。在每个专题之下分别设置了3~5个主题，在教学进度安排上，平均每三至五周完成一个专题，如表4.1所示。

表4.1　社会与情绪学习课程实施过程

专题内容	教学时间	具体内容	主要教学目标
积极的自我概念	2023年2月17日 2023年2月24日 2023年3月3日 2023年3月10日	·我是谁 ·自我拼图 ·我的优势与困难 ·生命中，我最重要的五样	学生对自己有比较全面的了解，包括自己的优势与困难，建立积极的自我概念和自我意象，意识到生命中最重要、最宝贵的部分，并加以珍惜
积极的情绪调节	2023年3月17日 2023年3月24日 2023年3月31日 2023年4月7日 2023年6月16日	·人的各种情绪状态；开心对人身体的好处以及对健康的意义 ·开心活动探索，制订情绪缓解的计划 ·当不开心的时候怎么办、当生气的时候怎么办 ·冲动控制，抑制控制练习 ·减少生活中的压力，保持心理弹性 ·缓解考前压力，维护积极心态	学生能认识自己的各种情绪状态，了解情绪产生的原因，以及制订情绪缓解计划来调控情绪状态，更好地应对来自生活、学习和考试的压力
良好的社会技能	渗透于每一次课中 2023年4月14日 2023年4月21日 2023年5月5日	·学会分享 ·成为一个有爱心的人 ·给予赞美 ·一生都受欢迎	了解人际关系建立、联结与维系的方法，主动分享，付出爱心，给予他人适当的赞美，努力成为受欢迎的人
利他的公共精神	2023年5月12日 2023年5月19日 2023年5月26日	·尊重差异 ·遵守规则 ·服务学习	学会尊重人与人之间的差异，遵守生活、学习与社会活动方面的规则，自律自制，提高公共服务意识，努力成为有社会公德之心和仁爱精神的人

续表

专题内容	教学时间	具体内容	主要教学目标
积极的认知调节	渗透于每一次课中 2023 年 6 月 5 日 2023 年 6 月 12 日	· 专注 · 成为解决问题的专家 · 寻求帮助	养成专注的品质和把注意力集中在某一件事上的定力，具有解决实际问题的能力，能想出多种方案来协调与解决生活、学习、社会问题，懂得寻求帮助，保持资源取向，从困境中挖掘积极部分

（三）第三部分：分享时刻与课堂总结

由学生投票选出每节课想品尝的特产，教师提前准备，每节课分享一个地方的特产美食。在课堂中依次分享了天津的百年老字号果仁张多种果仁、杭州的非遗手工糕点海苔味糯米麻花、徐州的小孩酥糖和牛蒡酥、南京的鸭油烧饼、安徽黄山的梅干菜酥饼、福建的麻枣和干吃汤圆、北京豌豆黄、长沙臭豆腐、苏州昆山“台湾一条街”咖啡注心饼干、河南特产“少林寺”酥和“好想你”枣片、东北特产蓝莓糖、哈尔滨“红肠”，以及课程结束之时的纪念相框和留念照片等。

课程评价与效果评估

（一）学生课堂评价反馈

课程结束之时，请学生填写课堂评价和反馈单。“课堂中，你的心情指数怎样？（从−5 至 10，−5 表示心情太糟，10 表示心情很棒）”“你的情绪感受是什么？”“课堂中，你感受到了什么？”

100%的学生选择情绪感受是“开心”。94.12%（16/17 人）心情指数为 10，心情很棒；5.88%（1/17 人）心情指数为 8，心情比较棒。100%的学生在课堂中感受到了温暖、被理解、被尊重、被鼓励、有归属感、可以胜任、有获得感、被分享、被关心，是开心阳光的。

（二）学生开放式书写课堂收获

实施迄今，多数学生表示该课程对自己有正面的帮助。学生们表达了对课堂的喜爱，期待下学期还能继续参加。与此同时，两位学生表达了他们希望自己将来能考上理想的大学，成为心理学家帮助他人维护身心健康的愿望。以下为学生的心得摘录：

"我非常喜欢这样的课堂""我从一个到哪都很怕羞，害怕受他人非议的男孩逐渐变成了一个开放、开朗的男孩"（SEMH 需要儿童 1）"我学到了做人要大度，要会分享、会感恩，而且我们现在都变得很会分享""课堂很有趣，让我知道了自己的优点，变得自信起来"（SEMH 需要儿童 2）、"这样的课堂让我一天无聊和不开心的心情都变好了""非常喜欢，我学到了分享，我变得热情"（SEMH 需要儿童 3）、"谢谢老师，谢谢老师把我当成朋友"（SEMH 需要儿童 4）、"真好玩，多么希望下学期能继续上这样的课""课很好玩，我很 Happy！""在课堂中我收获很多，收获了友谊、认可和温暖，在学校上完课后可以得到休息，心情很放松，还可以品尝各地的特产美食"（SEMH 需要儿童 5）"等我长大后，我也要学心理学专业，帮助身边的人有一个积极的生活"。

课程思考与未来走向

（一）课程实施中的三个重视

1. 重视每一位学生积极情绪体验的获得与增加

苏霍姆林斯基说"教育首先是关心备至地、深思熟虑地、小心翼翼地触及年轻的心灵"①。关注儿童青少年心灵成长，构建儿童友好的心理环境，是教育的出发点。课堂中引导学生用心体会自己内心的感受——那些精细的情感、流动的温暖，以及宁静与平和。在一次又一次的课堂中，看到学生身心状态的变化：他们从一开始紧绷的身体到身心放松；从心灵世界的封闭状态到心灵的打开状态；从眼神的回避、不敢对视，到眼睛里闪耀自信的光亮；从不敢跟老师沟通到主动沟通；从退缩、紧张到脸上洋溢的笑容；从坐在教室最后一排到主动坐到教室最前排等。课程中，重视儿童的身心体验与感受，而不是停留在认知层面的引导，让学生体验到愉悦、自洽、自主、胜任、有归属，获得幸福感和心灵的舒展。此外，特别留意家庭经济困难的学生，课堂中发现个别学生穿的衣服要么太小（去年的衣服），要么太大（穿大人的衣服），及时给予物质上的支援（送衣服）和精神鼓励（写激励卡片）。学生的心理健康水平来源于他们真实的个人体验和感悟，"学科化的说教内容和方式

① 苏霍姆林斯基．给教师的建议［M］．杜殿坤，编译．北京：教育科学出版社，2000（1）：98.

无助于学生自我培育、自我训练与自我激励”①，而应在课堂中唤醒学生的心理感受性。

2. 重视每一位学生积极品质的发现与觉察

“心理健康教育具有真、善、美的教育属性”②，包含了普遍的道德情感关怀③。用心看见与觉察每一位学生的优势与美德。比如，有的学生特别认真，有的学生特别爱分享，有的学生特别能给他人带来欢笑，有的学生特别友好、乐于助人，有的学生特别爱思考。对于这些积极品质，教师不仅通过语言及时反馈的形式，让学生确认自己的优势与美德所在，同时也用文字和照片的形式把积极品质定格下来，使其深深地印刻在学生心里，让他们看到自己的优势所在、坚定信心。与此同时，课堂中贯彻的理念和规则是：用心倾听、学会表达（说文明话），无对错、不评判，相互尊重、彼此看见。在每一堂课中渗透和引领这些积极的心理品质。

3. 重视积极的组织系统的构筑与搭建

积极的组织指的是能够支持或发展个人长处与美德及积极情绪的各种系统，例如：创造健康家庭、学校，以及具有良好公民发展的环境与社区等④。所有的学习都是社会性的和情感性的，教师的行为方式，教师说的话，教师表达的价值观，教师选择的学习材料，以及优先考虑的技能，都会影响课堂上学生们如何思考、如何看待自己，如何与他人互动，以及如何在世界上维护自己。儿童的社会与情绪能力发展的重要性不言而喻，不可能是一个附加的或事后的考虑，也不可能是一个偶然的教育行为。积极的师生互动，培养学生之间的积极关系，采用积极主动的课堂管理技巧，以及让学生参与合作学习活动，都是增强学生校园依恋，提升生活幸福感的途径。将鼓励、赞美、同理、共情、尊重、温暖、关心等元素渗透课堂，渗透到每一次的师生互动

---

① 贾海波．心理学研究的动向：基于对美国《心理科学》创刊以来文献的计量分析［J］．应用心理学，2019（9）：18-19.

② 吕东刚．高校辅导员心理健康教育能力建设的偏失及应对［J］．教育理论与实践，2020（5）：13-14.

③ 李军霞．科学人本主义视角下的中小学心理健康教育［J］．教育理论与实践，2023，43（20）：29-32.

④ 王沂钊．幽谷中的曙光——正向心理学发展与希望理论在辅导上的应用［J］．教育研究月刊，2005（134）：106-117.

之中。当学生感受到被鼓励、被赞美、被同理、被共情、被温暖、被关心，他们更易把这些积极的部分传递、分享给身边的人。一个积极、正向的“心理微环境”就形成了，而且不断流转、循环，构建起积极的组织系统，继而带给更多的人积极的影响。

（二）课程推进的未来走向

1. 课程后续的打开方式——将社会与情绪学习课程和学术课程整合

目前，课程的实施与开展是以注重活动的独立式课程的方式在校园内开展，形成稳定的课程架构，设计并实施了心灵成长专题教学，但仍需持续精进。课程的推进将采取社会与情绪学习课程与基础知识课程学习相融合的方式。比如，学生可以在体育课上学会控制情绪、处理人际冲突；在数学课上处理压力、焦虑和挫败感，学习解决问题的策略；在阅读课上理解他人的情绪状态、体会他人的困境。依据学校已有课程的具体情况，以及学生不同的年龄段进行合理安排，使社会与情绪学习融入学术环境，以及午餐、课间休息、课外活动、体育和俱乐部等非学术环境。这样既能促进学生知识的掌握，又能提高学生的社会与情绪技能，促进学生健康成长，培养学生亲社会行为、公共道德和社会责任感，在预防的前提下减少儿童青少年心理健康问题的发生。

2. 建立广泛的支持系统，利用家庭和社区的力量，实现学校、家庭与社区的协同

学校应充分了解学生的心理现状、师生需求，以及学校现有资源，基于实际情况开展社会与情绪学习，同时注重建立广泛的支持体系，包括学校领导者和管理人员的大力支持，以及家庭与社区的支持，建立良好的社会与情绪学习氛围，确保社会与情绪学习对学生产生可持续的积极作用。

最大化地促进家庭参与。家庭是学校拥有的最好的资源之一。然而，学校有时无法最大限度地发挥他们的作用，如果家庭不知道发生了什么，他们就无法支持基于学校为基础的社会与情绪学习方面的努力，需要在家校联系和沟通中包含这方面的信息。让社区参与进来。不要忽视与大学、企业等建立长期的社区合作伙伴，以扩大社会与情绪学习的努力。学校可以培养社区合作伙伴，支持服务学习项目。此外，还可邀请社区领袖来分享他们的专业知识和个人经验。

3. 基于证据支持，注重实践与研究的结合，持续记录、科学评估课程实施的效果

研究社会与情绪学习对学校成功的影响非常重要，以便建立坚实的实证研究基础。除通过学生的微表情、动作、语言、行为、身体状态、对课堂的喜爱程度、内在感受的评分等重视学生体验和感受的方式来评估课程实施的效果以外，还可持续记录社会与情绪课程学习对学生学业成绩的积极影响。同时不应忽视课程的实施对教师工作绩效的影响价值，如减少工作压力、提高工作效率和工作满意度，减少师生之间的人际冲突和纪律问题，提高课堂管理技能，以及对教师留任率和减少教师流失方面的积极作用。而记录社会与情绪学习课程实施对教师的留任影响，以及学生在学校成功的研究，将会使教育工作者、学校管理者和教育政策制定者产生更多兴趣。

四、应用阅读疗法对高功能孤独症儿童情绪与行为问题辅导的个案研究

阅读疗法是一种借助阅读图书或接触其他信息材料，帮助学生疏解负面情绪困扰，从而达到身心平衡的状态。通常是由图书馆员、心理治疗师、心理咨询师或其他相关专业人员，针对个别需求选择阅读材料，并利用这些材料给予学生治疗。它并不直接教导学生如何做才能解决他们目前所遭遇的情绪问题，而是让他们在接触适合的图书信息资源（例如：书本、影片、音乐等）后，对阅读内容产生认同、净化、领悟。在经历这些过程后，他们能对目前所遭遇的困难有新的认知与体会，进而解决自身遇到的问题。

孤独症也叫自闭症，属于广泛性发育障碍，从功能上可划分为高功能孤独症（High-functional Autism）和低功能孤独症（Low-functional Autism）两类。高功能孤独症属于孤独症的高功能人群，智商高于其他孤独症甚至超于正常人。不管是低功能孤独症还是高功能孤独症，他们在情绪、情感上发展均不成熟，耐挫力较弱，适应变化的能力和内心调整能力都比较欠缺，常会有生气、悲伤、害怕、焦虑等情绪反应，而他们往往不会用正确的方式表达，常常以哭闹、攻击性行为和发脾气的方式表现出来。书籍可作为一种有力的教育工具，来改善他们的情绪与行为问题，引导其正向思考，建立积极行为。

个案基本情况

小亮（化名），男，2008 年 1 月出生，独生子女，剖腹产。说话早，1 岁时会叫“爸爸”“妈妈”，语言清晰，表达能力强，记忆力好。大动作发育迟缓，18 个月会独立行走，走路时上半身前倾、头冲着前面，跌跌撞撞、走得不稳。2015 年 8 月，在杭州市某专业医院接受韦氏儿童智力测试，总智商 124，同时接受了 CONNERS 儿童行为问卷，结果显示：品行方面——容易与人发生冲突，不服从管理或不遵守纪律，爱发脾气，具有破坏或不符合社会准则行为的倾向；多动指数——注意力难以集中，不能安静学习或做完一件事，兴奋且话多，容易影响别人，不能与其他儿童合作完成某项任务；学习问题——主要表现为做事有始无终，注意力不集中，在学习过程中不能持之以恒，学习成绩下降。儿童感觉统合能力发展评定，前庭失衡，身体本体感和平衡能力存在轻度异常，身体大动作和精细动作能力明显异常。该学生为高功能孤独症儿童，目前就读于杭州市某普通小学二年级。

班主任反映，个案学业成绩在班级处于中上水平。课堂上，他基本是自己看书，偶尔会回答问题，如果回答错了，会大喊大叫甚至大声哭闹。个案对课堂规则淡漠，无法坐下来听课，在教室随意走动，甚至会跑出教室。目前全天由家长（妈妈、外婆、外公）轮流陪读。在家长陪同下，他能较好地完成作业、试卷。当作业或试卷题目偏多时，情绪会暴躁起来，不愿动笔，还会大哭大闹，抓陪读家长的头发。在陪读家长的提醒下，个案才会和老师打招呼，没有主动交流的意愿，基本不与同学交往。与陪读家长的交流仅限于问答式的被动形式，且以短词、短句为主。

与家长访谈中了解到，个案情绪易怒、易暴躁，会冲出教室做一些危险动作，并大喊“我要跳楼啦！我要跳楼啦！”看到作业本或试卷上因做错题而被老师打上“×”时，会很生气，并用手打自己头，骂自己没用。见到同学低头走开，同学叫他，他不予回应。与陪读家长在校园行走时，如遇到同学，他会刻意从陪读家长身旁走开，与家长保持距离。集体活动中，他不听指令。无聊时他喜欢剥手指上的皮，直到剥出血为止，痛觉不敏感。学习内容难、作业多时，他会发脾气，哭闹、发火。他讨厌数学竖式计算，喜欢做选择题。他最喜欢英语，其次是科学，擅长阅读。家长希望个案能改善发脾气和随意走动的行为，提高自我管理能力，慢慢地不用家长陪读。

分析资料，评估问题

收集个案资料、评估问题后，教师从其问题的严重性、对班级的影响程度，以及家长与普通班老师的期望等几个方面来考量个案的哪些问题是目前亟须解决的。经过分析，教师将目标聚焦在个案的情绪与行为问题的处理上，他的情绪、行为问题不仅伤害了自己，还伤害到了其他人，给教师教学和班级管理带来较大影响。教师计划用阅读疗法来辅导个案，通过开展相应主题的心理辅导活动来疏解个案的不良情绪，引导其建立正向、积极的情绪与行为。

制订方案，实施辅导

阶段一：制订辅导方案

个案在家长的陪同下于每周三下午接受师生一对一的心理辅导，每次辅导时长为35分钟。辅导活动持续4个月。

下面以个案“发脾气”问题的辅导为例展现辅导过程。

首先，教师从情绪、认知和行为入手制订出辅导目标。

辅导目标

行为目标：学会以适当的方式发泄愤怒情绪，减少自伤和伤害他人的行为。

情绪目标：降低遇到挫折或困难时所产生的愤怒感。

认知目标：认识到乱发脾气会伤害自己的身心健康，同时还会吓到别人，伤到别人或做出一些让自己后悔的事。

阶段二：建立信任关系

以个案喜欢的游戏活动“下飞行棋”为契机。教师与个案一起玩飞行棋游戏，在游戏中尝试与他建立互动关系。游戏中，教师尽量顺从他，以包容、接纳的态度营造安全的心理环境，让其信任老师。此阶段维持3周（3次课）。游戏中，教师包容、接纳的态度，营造安全的心理环境，以及在游戏中尝试与他建立互动关系的努力，都被他感受到了，他不回避、愿意打开心扉与老师交流。

阶段三：实施阅读疗法

（一）选择阅读材料

《不要随便发脾气》。

库特对所有东西都充满好奇。他常常拆玩具，因为他很想知道玩具为什么会跑、会发出声音。等弄明白后，他会把玩具重新组装起来，但是，有一次他在组装消防车时，却怎么也装不好。于是，他非常生气，一脚把消防车踢开了，脸涨得红红的、大喊大叫，并抓起鳄鱼玩具使劲朝他最好的朋友猫咪大花扔去。大花惊慌失措地躲开了。过了一会儿，库特停止了大喊大叫，他想到不应该朝好朋友扔东西。渐渐地，库特越来越平静，他不再生气了，他想把好朋友找回来。可是搜遍了各种地方，却没有找到大花。库特后悔自己踢玩具、大喊大叫、向好朋友扔玩具。晚上，大花回来了。库特伸手想摸摸大花，可是，大花吓得躲开了。库特伤心了，他希望大花能原谅他。第二天，库特收到了爸爸送的生日礼物（飞机模型），他很快把它组装起来，但是飞机却飞不起来。不过，库特这次没有踢东西、没有大喊大叫，也没有扔玩具，虽然他真的很生气。他安静地走进房间，那里有他最喜欢的生日礼物——一个沙袋、一副拳击手套，他用它们好好发泄了愤怒的情绪，而且没有伤害其他人。

分析：这个故事适合解决个案发脾气的问题行为。

1. 认同

每个人都会发脾气，人就像个高压锅，如果不把肚子里的怒气释放出来，会感觉就要爆炸了。生气时扔东西、踢东西、大喊大叫，可以发泄愤怒的情绪。

2. 宣泄与净化

儿童和故事中的主角产生共鸣，体验到情感宣泄，获得心理放松。

3. 领悟

发脾气会伤害到自己的身体健康，会吓到别人，使别人不敢靠近自己，以及做一些让自己后悔的事。能够同感书中类似困扰的人物，看到人物是如何解决问题的，最后意识到自身问题的解决方法。

（二）问题设计与辅导过程

1. 投入

故事中的主角发生了什么事？

个案说：玩具消防车被拆开了，组装了好几遍都没有组装好，所以库特生气了。

2. 认同

（1）库特组装不好消防车时很生气，你同意吗？

个案说：是。

（2）库特扔东西、踢东西、脸涨得红红的、大喊大叫，你觉得库特是在发泄情绪吗？

个案说：是。

（3）库特认为"生气时，人就像个高压锅，如果不把肚子里的怒气释放出来，会感觉就要爆炸了"，你同意吗？

个案说：同意。

（4）你觉得库特是怎样一个人？

个案说：爱发脾气的人。

3. 投射

（1）消防车组装不起来了，如果你是库特，你会怎么做？

个案说：请家长帮忙检查它的问题。

（2）当库特随手抓起鳄鱼玩具使劲朝他最好的朋友猫咪大花扔去时，大花会有什么感觉？

个案说：猫咪会想"他怎么扔玩具给我，也许他不跟我好了"。

（3）当库特搜遍各种地方却找不到大花时，他会有什么感觉？

个案说：很着急，想让大花快点回来。

（4）晚上，大花回来了。库特伸手想摸摸大花，可是，大花吓得一下子躲开了。库特感觉如何？

个案说：库特会有疑问"大花为什么会这样"，他现在很后悔，后悔自己不该朝大花扔玩具。

（5）当你读到"第二天，库特收到了爸爸送的生日礼物（飞机模型），他很快把它组装起来，但是飞机却飞不起来。不过，库特这次没有踢东西、没有大喊大叫，也没有扔玩具，虽然他真的很生气。他安静地走进房间，那里有他最喜欢的生日礼物——一个沙袋、一副拳击手套，他用它们好好发泄了愤怒的情绪，而且没有伤害其他人"。你觉得库特的爸爸妈妈会怎么想，他们感觉如何？

个案说：爸爸妈妈会认为"他终于能够自己发泄情绪，并且不伤害其他人了”。

4. 领悟

(1) 库特愤怒时大喊大叫、踢东西、向好朋友扔东西，会有哪些不好的影响？

个案说：比如，会让好朋友再也不跟他好了，甚至会伤害到他人。生气时心跳加速、血压升高，对他身体不好。

(2) 如果库特向猫咪大花扔去的不是鳄鱼玩具而是板凳时，会有什么后果？

个案说：有可能会把猫咪大花打伤，因为板凳有4条腿，板凳不容易躲开。而鳄鱼玩具是长条形的容易躲开，而且板凳会把猫咪打痛。

(3) 库特用了什么方法既发泄了愤怒的情绪又没有伤害到别人？

个案说：打爸爸妈妈送给他的那副拳击套装。

5. 应用

(1) 你有过发脾气的经历吗？当时你是怎么处理的？

个案说：有，比如心爱的玩具枪突然不响了，我会使劲拍它，接着会把它往地上砸，甚至把它很用劲地扔出去，把它拆散成一个个碎片。

(2) 假如你想发脾气时，你觉得怎样做才合适？

个案说：深呼吸，我会对自己说“不要生气，千万不要生气”，或者做运动，比如跑步、跳绳、仰卧起坐，或者做书上提到的、不会伤害到他人的方法。

小结：个案在读到库特因为组装不好玩具而心生愤怒时，有了感同深受的共鸣感，此为认同；其次，他在体验库特发脾气的行为时，自己的情绪被导向了外部，释放了压力，获得了心理放松；最后，他从故事中领悟到发脾气的坏处和不良影响，以及找到了发泄情绪的适当方式。

阶段四：巩固辅导效果

1. 为巩固辅导效果，教师设计了相应的学习单，由个案填写，以此巩固和检验辅导效果，并强化认知，更好地指导行为。

2. 创设情境，实地演练

教师创设挫折情境，看个案是否能将学会的新方法、新技巧运用起来。

情境1：写字时，铅笔芯突然断掉。

情境2：6分钟内完成36道数学竖式计算题。

情境 3：做作业时，遇到不会做的数学难题。

在日常生活中，由个案母亲和外婆观察个案的情绪与行为。如遇到个案再次发脾气时，家长做好观察记录，记录其发脾气的次数、频率和严重程度，并及时提醒个案运用新方法来疏解不良情绪、解决问题，并及时告知教师，教师再跟进辅导。

随着辅导活动的深入，个案的其他问题慢慢显现出来。比如个案认为科学老师偏心，跳绳跳不好，挫败感较大；与此同时，家长看到阅读疗法对个案情绪与行为问题处理的良好作用后，又向老师反映了个案的其他问题，如搞恶作剧，因写字写得慢而苦恼的问题，期待老师都能给予改善。针对这些问题，教师应用阅读疗法又继续开展了相应主题的心理辅导活动，见表 4.2。

表 4.2　心理辅导活动

主题	书目	解决个案的问题
学会坚持	《加油，别放弃》	因写字写得慢而苦恼
承认错误	《可怕的妖怪熊》	在家里偷吃糖，被妈妈发现
被拒绝怎么办	《委屈的欧卡》	外婆不让他在马路上骑自行车，他不高兴
克服自卑	《小小的库米》	在校园里遇到同学，刻意从陪读家长身边走开，与陪读家长保持距离
只有努力才能获得认可	《宝贝，真棒!》	其他小组受到科学老师的奖励，而他所在的 4 人小组没被奖励，他认为老师偏心
学会独立	《妈妈，我也行》	做作业时，依赖父母和外婆的督促，无法独立做作业和独立考试
面对失去	《大雪静静地下》	失去了他最喜欢的玩具，他很气恼
面对失败	《输了没关系》	因为跳绳跳不好，他挫败感较大
考虑别人的感受	《安静一会吧》	课堂离座行为和搞恶作剧：在同学衣帽里放树叶；在厕所的门后躲着，等同学进来时，突然跳出来吓唬同学

效果分析

1. 个案情绪、行为问题的改善

在应用阅读疗法的辅导过程中，通过提供有针对性的阅读材料，师生共同朗读，准确设计问题、分析与讨论，引导个案经历认同、净化、领悟等心理过程。个案做学习单，在模拟情境中演练，以及在日常生活、学习中运用与巩固新方法、新技巧等来改善其情绪与行为问题，起到了良好的辅导效果。

家长反映个案发脾气行为次数大大减少，情绪、行为问题的发生频率和严重程度都降低较多。通过阅读，个案理解了生活中遇到的困惑，解决了心理上的疙瘩，并能选择合适的行为疏解情绪，不再像以前那样发脾气。个案自伤行为消失，也不再抓陪读家长的头发，并建立了正向思考的能力，良好行为增多。

2. 个案日常生活的影响

家长反映孩子进步明显，遵守学校规则，离座行为减少。当同学叫他的名字时，他能回应，互动式的语言，以及与同学交往的行为增多。家长对辅导过程和结果满意。班级中其他陪读家长也反映个案进步较大。个案已能独立参与部分学科的教学，普通班教师建议家长在某些课上可以不用陪读。

由此得出，阅读疗法应用于个案情绪与行为问题的处理起到了良好作用，可改善其认知与行为，有助于儿童的心理成长。

讨论与建议

1. 选择合适的阅读材料

教师在选择阅读材料时，需符合儿童的兴趣与需要，适合其阅读能力与成熟程度，所处理的特定问题与儿童有关，主角与儿童有类似的问题，所提供的情况可帮助其解决自身问题。儿童在阅读后，能检视自己的行为与态度，增进情绪的统整，感受信心、希望和稳定，能从故事中找出解决问题的方法。如果教师所提供的阅读材料没有目的性和针对性，就不会使儿童产生共鸣，也就无从谈起净化、领悟和解决问题。

2. 问题设计要与个案心理历程相配合

辅导过程中，教师的提问是为了更好地使儿童经历某一心理历程，并促使其向积极、正向的方向发展。教师在辅导时，首先要确认儿童对故事内容是否理解，接着引导他对书中角色产生认同，心理投射，并产生移情；之后是儿童自身和书中角色建立联系，引导其反省自己的感受，最后引导他分享解决问题的方法。需注意的是，教师要尊重儿童，以儿童为中心，辅导中如果有一些不可预计的部分，教师要随机应变，不一定完全按照设计的问题来进行，要根据实际情况作调整。

3. 辅导的巩固和延续

家长反映 4 月中旬春游时，个案又搞恶作剧，他从地上捡起柳絮往同学身上扔。问其原因，他说他考虑过别人的感受，也知道有的同学对柳絮是过敏的，但他就是控制不住自己。由此可见，实际操作过程中会更困难，教师需要通过一系列的后续活动使其辅导效果更加稳定。教师可引导个案把书中提到的东西画下来；根据书中描述的关键事件和活动的图片或照片，创造出拼贴画；写出阅读后的感想，给书中人物写信或是改写故事的结局；将阅读疗法、心理辅导与正向行为支持结合起来继续巩固。

4. 阅读疗法的作用与适应性

阅读疗法可使儿童自由表达被压抑的问题和事件，帮助儿童分析自我和他人的想法与行为，促进儿童积极思考，降低焦虑，在情感释放过程中促进心理放松，用一种轻松的方式来尝试运用新的应对技巧和新的解决方法。本例个案智商较高，偏爱阅读，认知理解能力好，应用阅读疗法确实帮助他解决了情绪、行为问题。对于普通学校有情绪、行为问题的儿童，也可用阅读疗法进行辅导，而对于中度、重度孤独症儿童，以及中度、重度智障儿童的心理辅导或治疗应考虑阅读疗法的适用性。

五、合理情绪疗法在情绪与行为问题处理中的应用

智障儿童因智力功能发育的显著迟缓，同时存在适应能力的障碍，常在人际沟通、自我照顾、学科学习、工作及休闲等方面存在显著的困难。这些困难常导致智障儿童在环境互动中产生挫折、没信心、退缩、攻击等情绪、行为问题。教师和家长在教育与辅导智障学生时常要费尽心思，寻求有效的教育与辅导方案，并投入相当多的时间与精力才能获得良好的辅导效果。

合理情绪疗法

合理情绪疗法是美国著名心理学家埃利斯创立的一种心理治疗方法。

ABC 理论是合理情绪疗法的核心理论，其主要观点是强调情绪或不良行为并非由外部诱发事件本身所引起，而是由于个体对这些事件的评价与解释造成的。在 ABC 理论中，A 代表诱发事件；B 代表个体对这一事件的看法、解释及评价；C 代表继这一事件后，个体的情绪反应和行为结果；D 指劝导、干预、辩论；E 指治疗或咨询结果；F 指治疗后的新感觉。

人们面对外界发生的负性事件时，为什么会产生消极的、不愉快的情绪体验？人们常常认为罪魁祸首是外界的负性事件（A）。但埃利斯认为事件（A）本身并非情绪反应或行为后果（C）的原因，反而人们对事件的非理性信念（B）（看法或解释）才是真正原因所在。因此要改善不良的情绪及行为，就要劝导干预（D）非理性观念的发生与存在，而代之以理性的观念。等到劝导干预产生了效果（E）人们就会产生正向情绪及行为，心理的困扰因而消除或减弱，人也会有愉悦充实的新感觉（F）。

行为问题

行为问题，又叫问题行为、行为异常、行为障碍、情绪障碍等，是指个人的行为反应或表现脱离常态，干扰到他人或影响自己的日常生活功能与学习活动。本文所指的行为问题限于一名智障学生所表现的焦虑和攻击性等情绪行为问题。这些问题常常严重干扰到他人或影响自己的生活与学习活动，是教师、父母迫切期望加以改善的。

案例："妹妹夺走了爱"

问题描述：

小王，男，13 岁，IQ58，父母对他较为宠爱，在各方面都尽量满足他的要求，平时表现较好，在学校里是学生干部，比较有优越感。最近一个多月他突然出现问题，表现为：情绪不稳定、经常骂人、乱扔东西、无故发脾气、不听老师的指导。父母反映他在家里趁父母不在时偷偷打刚抱养的妹妹。

了解基本情况后，师生进行了第一次辅导，以下是辅导过程中的对话。

师：最近你的心情怎么样？

生：不好！

师：为什么？

生：家里来了妹妹。

师：家里来了妹妹使你心情不好？

生：是！

师：为什么呢？

生：爸爸妈妈喜欢妹妹，不喜欢我了。

师：你怎么知道他们不喜欢你呢？

生：他们以前对我很好，现在不是了。

师：现在是什么样子？

生：总是去抱妹妹，很少管我。

师：他们很少过问你，你的感受是什么？

生：他们不爱我了。

师：所以你……？

生：很生气！都怨妹妹！好讨厌她！我要掐她！

问题分析：

根据以上对话，可以看出小王是因为一个多月前爸爸妈妈抱养了一个妹妹，感到父母忽略了自己，于是产生行为问题。收集资料、评估问题后，师、生、家长三方经过协商制定出一周 2 次、每次 40 分钟的辅导方案，并从分析小王主要的情绪、认知和行为入手，制定出小王的辅导目标。

行为目标：

学会以更有效的方式与人交往，而不是以敌对的、情绪化的方式对待。

情绪目标：

1. 降低所感到的苦恼、烦躁、沮丧和失落感。
2. 降低与家人交往中因以自我为中心不能得到满足而带来的愤怒感。

认知目标：

1. 纠正的目标：因为有了妹妹，爸爸妈妈不爱我了。
2. 建立的新目标：虽然有了妹妹，但爸爸妈妈还是爱我的。

辅导过程：

在第二次辅导中，将重点集中在："爸爸妈妈不再爱我"这一信念上和小王一起进行辩论。以下是辅导过程的对话节选——

师：你觉得爸爸妈妈不爱你了，是吗？

生：是的。

师：从哪里可以看出？

生：他们不再摸我的头，不问我在学校开不开心，也不带我出去玩。

师：你觉得？

生：他们不爱我了。

师：他们不再摸你的头、很少问你在学校开不开心、不带你出去玩，你觉得他们不爱你了？

生：嗯！

（停顿一会儿，疑虑了一下）

生：也不是，前几天我过生日，他们还给我买了漫画书和蛋糕。

师：那你觉得爸爸妈妈爱你吗？

生：爱我的。

师：你觉得他们还爱你，是吗？

生：是的。

师：前面说到，他们没时间带你出去玩，是这样吗？

生：是，因为有了妹妹。

师：为什么呢？

生：妹妹饿了，他们就要去喂她。

师：他们应不应该去喂妹妹呢？

生：应该。

师：为什么？

生：妹妹很小啊，还经常哭。

师：你觉得怎样？

生：我觉得她哭的时候很可怜。

师：那你掐妹妹的时候，妹妹哭吗？

生：哭的。

师：妹妹为什么哭？

生：我掐疼她了。

师：那你以后怎么做？

生：我不能再掐妹妹。

师：现在让我们做一个小练习，请闭上眼睛想象你在家里，爸爸妈妈忙着照顾妹妹，而忽略了你的情景。但只让自己感到难过，而没有生气愤怒。

（大约一分钟以后睁开眼睛）

师：你做得不错，说说是怎么想象的？

生：爸爸妈妈不应该什么都顾着我，我要照顾妹妹。

本次辅导结束后，又给小王布置了认知与行为方面的家庭作业。一是做心理暗示：虽然有了妹妹，但爸爸妈妈还是爱我的；二是帮着爸爸妈妈倒水冲奶粉。

随后，我们又安排了第三次至第七次辅导。在辅导过程中围绕：最近的感受和心情、检查信念的合理性、作业完成情况、如何合理表达内心的感受等几个方面作了详细的讨论交流。

一个月后，小王和其父母一起做了最后一次辅导。辅导中，母亲报告："他变得很不错，已经不再掐妹妹，有时还帮着我们拿奶瓶和尿布，拉拉妹妹的手、抱抱妹妹。之前他经常发脾气，但现在不会了，跟邻居小伙伴相处也友善起来了。"

小王则说："我现在开心起来了，不讨厌妹妹了，因为我知道爸爸妈妈还是爱我的。"

过程分析

（一）觉察不良情绪，找出不适应行为

在辅导中营造了一种安全、平等的交流环境，让学生自然而然地显现不适应行为并宣泄心中的苦闷、低落、焦躁等不良情绪，让学生感受到这些不良情绪和不适应行为的存在。例如，小王因爸爸妈妈抱养了妹妹而难过、低落的心情在辅导过程中都流露出来，与此同时，小王掐妹妹等不适应行为也得以显现。

（二）找出诱发情境，界定不合理信念

在辅导过程中，师生一起找出了不良情绪和不适应行为的诱发情境和事件，界定了与情绪困扰有关的不合理信念。引导学生理出对诱发情境或事件的看法和评价，从理性的角度去审视这些看法和评价，并分析、探寻究竟是哪些不合理信念使其这样解释诱发事件，从中可以看到这些不合理信念、不良情绪和不适应行为之间的关系，从而让学生认识到：不良情绪和不适应行为之所以发生，是由于头脑中的不合理信念。

（三）与不合理的信念辩论，以合理的信念取代不合理的信念

在辅导过程中，引导学生与头脑中的不合理信念进行辩论，使其动摇并最终放弃不合理信念，学会用合理的思维方式代替不合理的思维方式。小王用“虽然有了妹妹，但爸爸妈妈还是爱我的”“爸爸妈妈不应该什么都顾着我”来替代“因为有了妹妹，爸爸妈妈不再爱我”等不合理信念。

（四）布置作业巩固和强化合理信念

为巩固、强化合理信念，需要为学生布置认知和行为两方面的作业，见表4.3。

表4.3　作业一览

作业	小王
认　知 （和不合理信念辩论）	因为有了妹妹，爸爸妈妈不再爱我 ⇩ 虽然有了妹妹，但爸爸妈妈还是爱我的
行　为	帮助爸爸妈妈照看妹妹； 和家人做家庭游戏； 合理地表达自己的需要，引起父母的关注

与此同时，还需联系学生的家长，邀请父母在必要时能提醒、督促并参与学生的认知与行为两个方面作业的完成。

（五）发展合理行为，加强良性情绪

随着不合理信念的消除，学生的不良情绪和不适应行为开始减少，良性的情绪开始出现和加强，并发展出较为合理、积极的行为方式。行为所带来的积极效果，又进一步促进学生合理信念的巩固与情绪的轻松愉快。最后，学生通过情绪与行为的成功转变，从根本上树立起合理的思维方式，不再受异常情绪的困扰。

效果分析

（一）学生情绪、行为问题的改善

在运用合理情绪疗法的辅导过程中，准确把握住学生的行为问题产生的不合理信念，并综合运用认知调整、行为改变的操作技术对其进行针对性的指导与训练，因此辅导的效果也较为理想。

在情绪方面，小王发怒或生气的情形减少，苦恼、烦躁、沮丧、失落等

不良情绪得到很好的改善，攻击行为逐渐减少，对家人也亲热起来，性情变得较为愉悦开朗，并建立对人的信赖及安全感，显得较有自信、主动。

（二）学生日常生活的影响

从家长的反馈、教师平时的观察中，发现小王在日常生活中，与同伴交往、处理情绪与行为问题、人际互动、表达能力等方面，都有进步的现象。学生较能遵照教师指示进行学习活动，也较能主动参与学习活动，学习的持续时间明显提升。教师及家长们都认为通过合理情绪疗法，确实改善了该生的情绪、行为问题。

进一步建议

基于辅导过程和效果分析，提出合理情绪疗法在智能障碍儿童和其他身心障碍儿童辅导的建议。

（一）对智障儿童及其他身心障碍儿童的辅导建议

合理情绪疗法，是一种人性化的心理辅导方法，能显现智障儿童的情绪行为问题。因此，可作为智障儿童、少年或类似身心障碍儿童、少年心理辅导的参考。诸如：改善选择性失语症、减少攻击性行为、增进离婚家庭子女的情绪调适、减轻考试焦虑、增进学习障碍儿童的课业表现、增进被虐待及被忽略儿童的情绪适应。

通过合理情绪疗法辅导类似智障儿童时，应顾及儿童心理发展水平和个体差异，以确保辅导效果。对于中度、重度智障儿童的心理辅导或治疗应考虑合理情绪疗法的适应性。

（二）对进一步研究及未来研究的建议

为了期待辅导效果的更有力验证和推广应用，可针对类似的受试进行辅导效果的再复制，以积累更多的验证效果。

研究探讨不同类型的心理疗法及结合多种类型的心理治疗效果。

六、选择性缄默症征兆幼儿积极行为支持干预研究

问题提出

（一）选择性缄默症（Selective Mutism，以下简称 SM）

SM 已被公认为是一种儿童焦虑症，与社交焦虑密切相关。SM 儿童智力

和构音器官都没问题，但却对某些人或是在特定环境中保持缄默，而对另一些人和在另一个环境中则说话流畅；较多发生于敏感、胆怯、退缩的儿童身上。

依据精神障碍诊断与统计手册 DSM-5，SM 的诊断标准为：在某些特定的社会情境中持续无法说话（在这个情境中个体被期待能说话，如学校），而在其他情境能够不受约束地自由交谈。个体持久地不能说话，此困扰已持续至少 1 个月以上（并不包括入学的第一个月）。这样的困扰已显著影响个体的教育或职业成就或社会沟通。无法说话并非源于缺乏社会情境中口语表达的知识，或是对于口语表达不自在。此困扰不能解释为沟通异常，例如：儿童期出现的流畅异常，也不会单独发生在孤独症谱系障碍、精神分裂症或是另一种精神障碍的病程中①。

据估计，SM 的发病率为 0.2%～2%。近年来对 SM 患病率的估计值有所增加，最近的研究表明，大约每 140 名 8 岁以下的儿童中就有 1 名受到影响，女孩患有 SM 的人数多于男孩。SM 的平均发病年龄为 2.7～4.1 岁，正是儿童开始在家庭环境以外独立活动之时②。

（二）积极行为支持（Positive Behavioral Support，PBS）

霍纳及其同事在 1990 年发表《走向非厌恶性行为支持的技术》（*Toward a Technology of 'Nonaversive' Behavioral Support*）一文③中第一次正式提出“积极行为支持”（Positive Behavior Support，PBS）。随后，有关积极行为支持的研究越来越多。美国在 1997 年修订的《障碍者教育法案》（*Individuals with Education Disabilities Act*，IDEA）将其作为一项重要内容纳入特殊教育实践范畴。目前，该理论技术已成为行为干预领域最重要的理论技术④。

“在积极行为支持”这一概念中，“积极的行为”指的是这样一类技能：

---

① 钮文英．身心障碍者的正向行为支持（第 2 版）[M]．台北：心理出版社，2016：149.

② 玛吉·约翰逊，艾莉森·温特根斯．选择性缄默症资源手册 [M]．北京：机械工业出版社，2020：51.

③ Horner R H，Dunlap G，Koegel R L，Carr E G，Sailor W，Anderson J，*et al*. Toward a Technology of 'Nonaversive' Behavioral Support [J]. Journal of the Association for Persons with Severe Handicaps，1990（15）：125-132.

④ 昝飞．积极行为支持——基于功能评估的问题行为干预 [M]．北京：中国轻工业出版社，2013：2-5.

这些技能可以增加个体在学业、工作、娱乐、社区，以及家庭等事务方面获得成功与满足感的可能性。而所有可以用来教授、加强，以及扩展积极行为的教育方法，以及能够用于增加积极行为的系统改变的方法，都可以称作“支持”①。

积极行为支持根源于应用行为分析，即分析行为和前事（引发个体行为问题的事件或刺激）与后果（个体出现行为问题之后得到的后果）间的关系。积极行为支持包含预防、教导和反应三类介入策略，它不只强调控制前事和调整生态环境（例如：消除或减少引发行为问题的前事，重新安排环境，引导积极行为），安排有效的行为后果（即有系统地安排正向的后果来增强积极行为，同时撤回对不适当行为的增强），也强调介入个体的背景因素（例如：教导儿童欠缺的积极行为）②。

为改善校园行为问题，建立安全的环境，积极行为支持已从个人层次，扩展到系统层次（学校、家庭和社区）的应用③。实施积极行为支持的成效：能够给学生提供支持性的学习环境；减少隔离性、被动性；减轻学生反感、危险更少；更多鼓励、更多回应，更多未雨绸缪和更高效；有效的课堂管理和行为规范（学生会更集中精力听课，更少拖拖拉拉，更少违反规范的行为）；对需要个别支持的学生，如存在情绪障碍或精神障碍的学生，支持更充分；最重要的是，提高全体学生的学习积极性和成效。

个案研究

（一）个案介绍

HH，女，5岁，普通幼儿园中班幼儿，家中排行老二，上有就读小学一年级的哥哥。她在幼儿园里没有哭闹情绪，但不愿喝水、不吃饭、不午睡，不参加任何活动。饿了，吃一点从家里带来的点心。午休时，她坐在床上睡。有时看她坐在床上打瞌睡，老师轻轻地想把她扶倒让她躺着睡，她会马上惊醒过来。虽然和老师没有语言上的交流，但她的肢体动作强烈表示不愿躺下

---

① Carr E G，Dunlap G，Horner R H，Koegel R L，Turnbull A P，Sailor W，*et al.* Positive behavior support：Evolution of an applied science ［J］. Journal of Positive Behavior Interventions，2002（4）：4-16.

② 钮文英．身心障碍者的正向行为支持（第2版）［M］. 台北：心理出版社，2016：33.

③ Sugai G，Horner R H. Defining and describing schoolwide positive behavior support ［M］. //W Sailore，G Dunlap，G Sugai，R Horner（Ed.）. Handbook of positive behavior support. New York：Spring Science+Business Media LLC，2009：307-326.

睡觉。早操时，她站在队伍里，一动不动、身体僵硬。老师与她交流时，她一句话都不说，她和同伴也不说一句话。小班一整年，一直是缄默不语，一个人坐在一角，不参与班级活动，且经常出现小便拉在裤子上的情况。她的缄默不语给她带来建立友谊的困难，同伴不愿接近她、不与她玩耍。

HH在家可以和爷爷奶奶、爸爸妈妈、哥哥自由交谈，语言表达顺畅。平时不肯下楼、不愿与附近的小朋友一起玩，即便下楼，也不愿参与小伙伴的游戏，大多要父母抱着。如果家里来了父母的同事或朋友，她远远地看着，不靠近、不说话，也不活动，一个人默默地待在房间的角落里，不发出任何声音。待他人离开后，她恢复原先自然表达与活跃的状态。从小比较胆小、紧张，坐电梯时，她会紧紧地抱住爸爸或妈妈，表现出很害怕的样子。如果带她去商场，也同样表现出紧张、害怕的情绪和紧紧抱着父母的行为。如遇到生人，她的表情僵硬、甚至出现身体僵硬的状况。总之，在社会适应方面，个案存在较大困难。在夜晚睡眠中，有时会梦魇、喊叫，可能是因白天累积的紧张情绪而导致。

HH的行为表现符合选择性缄默症儿童的特征。由于HH父母回避去医院接受诊断、鉴定，担心会被贴上标签，怕给她幼小的心灵带来伤害。本文采用“选择性缄默征兆”这个术语。

（二）研究工具

1. 长处与困难问卷SDQ（教师版和父母版）

长处和困难问卷（Strengths and Difficulties Questionnaire，SDQ）是由美国心理学家Goodman. R于1997年根据DSM-IV和ICD-10诊断标准而专门设计和编制的。该量表在国内由上海市精神卫生中心杜亚松等进行了修订，用于评估儿童青少年的行为和情绪问题，具有良好的信度和效度。本研究使用的是《长处与困难问卷（SDQ）》（教师版和父母版），由亲身带养孩子的父母和熟悉儿童情况的班主任教师根据平时的观察，对儿童近半年的行为、情绪等方面进行评定，包括情绪症状、品行问题、同伴交往问题、亲社会行为、影响因子等。该问卷共25个条目，困难总分由情绪症状、品行问题、多动、同伴交往问题得分加总得到，分数越高，表明困难越大。SDQ父母版各因子与问卷总分的Cronbach's α是0.784，SDQ教师版各因子与问卷总分的Cronbach's α是0.758，均具有较好的内部一致性，可作为本研究的测量工具。

2. 幼儿自我效能感量表

本问卷为修订问卷，参考 Schwarzer 等编制的《一般自我效能感量表(GSES)》(修订中文版)。依据幼儿身心发展特点进行改编，比如将“我自信能有效地应付任何突如其来的事情”改为“面对新问题或突发状况，总是有类似‘我能行’‘没问题’的语言”。改编后共 6 题，采用李科特五级量表。自我效能感指标通过加总得到，得分越高表明幼儿自我效能感越高。本研究中，自我效能感问卷 Cronbach's α 是 0.84，信度质量良好，可作为本研究的测量工具。

3. 儿童教室适应技巧检核表

采用洪俪瑜、凤华等主编的《特殊教育学生的正向行为支持》一书中《儿童教室适应技巧检核表》，共 21 个评估项目，各个项目均采用 Likert1—5 级评分。由教师根据儿童的真实情况填写，得分越高，说明儿童教室适应技巧越好。本研究中，教室适应技巧问卷总体 Cronbach's α 是 0.71，可作为本研究的测量工具。

(三) 积极行为支持方案的设计与实施

1. 基线期

运用《长处与困难问卷（SDQ)》(教师版和父母版)、《儿童的教室适应技巧检核表》和《幼儿自我效能感量表》(父母版和教师版) 对个案进行前期评估。《长处与困难问卷（SDQ)》评估结果为：个案在情绪症状、同伴交往、亲社会行为方面存在困难，困难持续了一年多，在同伴关系、上课学习和课外休闲活动中存在很大困难，且严重影响其在园的学习生活和休闲娱乐。家长的评估与教师的评估有一致性。幼儿自我效能感评估：综合班主任教师和家长的评分两者平均后得到个案的自我效能感分数为 8.5 分（问卷总分为 30 分)。以往研究发现，3—6 岁幼儿自我效能感在中等水平[①]。由此看出，个案自我效能感处于低水平状态。儿童的教室适应技巧评估：由班主任教师填写《儿童的教室适应技巧检核表》，个案在班级适应方面存在较大困难，在基本生活自理、社会交往、言语表达、参与课堂活动等方面均存在困难。

① 黄薇，阳泽.3—6 岁幼儿目标取向、自我效能感与自我控制的关系 [J]. 心理发展与教育，2015 (5)：547—554.

表 4.4　家庭积极行为支持方案的具体内容

干预时间	干预重点	干预内容及目标
2021 年 10 月至 2022 年 1 月	改善家庭养育环境	(1) 加强父母心理健康教育，了解父母行为作风、情感态度，重视父母行为代际传递问题，比如 HH 的妈妈容易焦虑、脾气急躁等情绪的调整。(2) 创造良好的家庭氛围，增进情感交流及适应性，加强亲子陪伴和互动，促进问题的有效解决。(3) 增强养育技能的学习。在“HH 宝贝支持群”里每日分享一篇育儿资料，父母跟进学习，根据 HH 的气质特点，改善教养方式并增强一致性，提高教养心理灵活性。(4) 介绍有关选择性缄默症的医疗诊断、干预、治疗、支持策略、康复希望和健康生活等信息，减轻父母对于此类病症的不确定感
	前事控制	(1) 预告一日生活的安排，让孩子有心理预期 (2) 拟订行为契约，提示积极行为，比如自己的事情自己做
	行为引导	(1) 增加社交机会，每日完成一项社交作业（如和小伙伴一起玩耍、串门、走亲戚），在自然的社交情境中教导一般的交往技巧及语言表达需求 (2) 避免批评及惩罚，以积极语言提示积极行为，灵活调整任务难度，以符合儿童的能力 (3) 鼓励自理行为，训练孩子独立进食、独立如厕、穿脱衣物和鞋子、整理物品等基本的自理能力，培养自我效能感 (4) 鼓励参与家务劳动，提高家庭责任感和增强自尊自信 (5) 和哥哥分享控制权。生活中，一人决定一件事情，如一件事情主要听哥哥的意见，下一件事情主要听 HH 的意见，交替进行
	后果处理	(1) 父母积极回应孩子的积极行为，满足孩子的情感需要 (2) 搭配增强策略，鼓励符合行为契约的行为

2. 实施干预期

在钉钉里建立“宝贝支持群”，父母、班主任教师、园区督导教师（行政人员）和研究人员共同参与其中，以便于沟通与协作、持续性的支持与反馈。

干预阶段 1：家庭积极行为支持方案的设计与实施（2021 年 10 月至 2022 年 1 月）。

基本思想：减少家庭中的包办代替，鼓励自理行为，提高自我效能感，增进自信；增加与外界交往的机会，每天完成一项社交作业，学习社交技巧，逐步降低社交敏感与焦虑。

发放《父母亲子陪伴记录单》，父母每周记录，如实填写，持续 4 个月。内容包括一周亲子阅读、亲子运动、亲子游戏、社交互动、屏幕使用、家务劳动、生活自理、儿童与父母的情绪状态等方面的记录。研究者给予及时的反馈和引导。与此同时，父母每周拍摄两段 5 分钟左右 HH 与小伙伴进行社交互动的视频在“宝贝支持群”里分享，研究者和教师均给予积极反馈与鼓励。

中期评估：经过 4 个月的家庭积极行为支持方案的实施，对幼儿自我效能感和《长处与困难问卷（SDQ）》进行第二次评估。

复盘 HH 一学期进步情况的会议：在学期末进行复盘与总结，梳理 HH 一学期来的进步变化，以及假期的生活安排，提出下一阶段要提升和努力的方向和内容。HH 父母、班级教师、园区督导人员和研究人员共同参与和讨论。

干预阶段 2：班级积极行为支持方案的设计与实施（2022 年 2—6 月）

在家庭积极行为支持方案实施 4 个月后，开始添加班级积极行为支持方案。在班级积极行为支持方案的实施阶段，家庭养育环境和家庭支持继续维持在一个积极的水平。

基本思想：构建支持性的班级环境，建立信任、融洽的师生关系，鼓励自理行为和亲社会行为，引导同伴支持和帮助，促进 HH 自我效能感的提升，改善其选择性缄默的症状，逐步融入班集体活动。

以下为班级积极行为支持方案的具体内容。

（1）打造关怀教室，鼓励同伴支持

在班级环境中，高质量的信任和尊重关系处于中心地位，尤其是在教师和儿童之间。班级教师应特别关注人际关系的发展，满足儿童的社交需求、情感需求、价值感和归属感。培养个案对班集体的依恋，帮助其积极参与集体活动。

鼓励同伴支持，在班级里教师引导其他小朋友和个案一起玩，邀请她参与部分的游戏活动。当她做得比较好的时候，老师引导小伙伴们称赞和鼓励她，逐渐形成互帮互助、有爱包容、平等友善的班级氛围。同时，教师需要腾出时间与儿童建立密切关系，与她交谈，鼓励她表达自己的想法和感受。

（2）在一对一的基础上建立融洽的师生关系

表 4.5 因应个案表现，教师的积极行为支持策略

阶段	儿童的表现	教师的积极行为支持
0	不参与班级活动	·向个案保证不管她是否说话，她都会受到欢迎，每个人都希望她能玩得开心、自得其乐 ·握住个案的手，站在她身边，使她能够观察周围环境并了解没有威胁 ·课堂上不需要密切关注她 ·看到她时，既不要热情似火地打招呼，也不要怕吓到她而回避交谈，只要正常地谈她感兴趣的话题
1	僵住的肢体与表情	·亲切而平静地问候她，尊重她的个人空间 ·使用前事控制策略，预告一日的学习生活安排，减轻她对未知的焦虑；提前向她清楚地解释任务和活动，以便她意识到这些活动可以在不说话的情况下完成
2	参与但无交流	·使用评论式谈话，而不是直接提问，如“那看起来不错，不是吗？”“你可能喜欢/你可能有/你可能想……”这些话可以提供回应的机会，但不要求她回答 ·专注于活动或材料而不是她的反应 ·如果她说话，则以自然、不惊讶的方式做出回应
3	使用非口头交流，如肢体语言	·可以说“给我看看……”而不是“告诉我……” ·提供可供选择的物品并询问“哪一个” ·提供选择，使用替代的沟通方式。教师做手势，让她可以模仿，例如“是”（老师竖起大拇指），“不”（老师摆摆手） ·偶尔问“是/否”的问题，她可以通过点头或摇头来回应，也是使用替代的沟通方式之一 ·及时读懂她的非语言表达，比如当她紧紧拉着老师的衣角时，老师询问“是否要小便”，及时引导孩子去卫生间

（3）尝试提问

当教师与个案建立信任、融洽的关系后，接着进展到促进个案说话。按照她自身的速度进行，等到她在一个阶段做出反应后再进入下一个阶段。

（4）建立说话桥

当个案能够与老师交流后，教师可以建立说话桥，让她当着同伴的面与老师交谈，还可以通过老师的桥梁作用，回答同伴的问题并与同伴说话。让个案从可以和老师交谈到可以和同伴交谈。

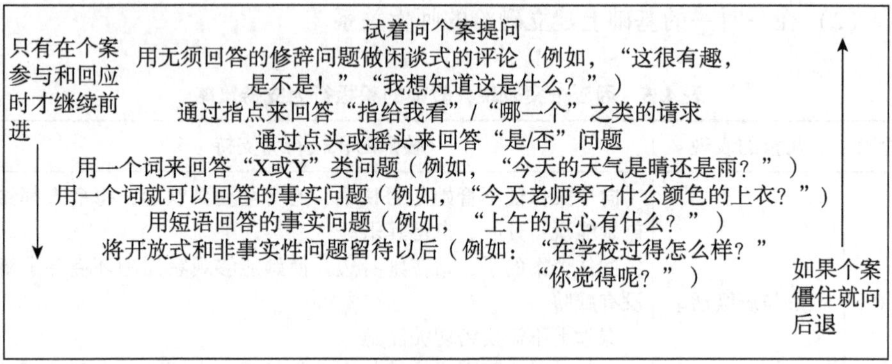

图 4.3　提问的策略

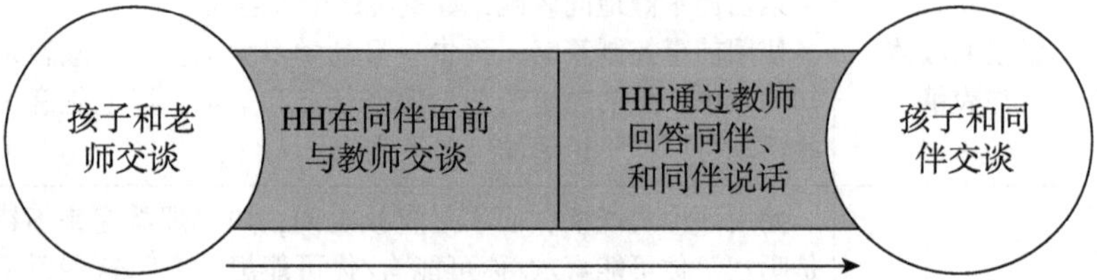

图 4.4　说话桥

（5）设定适当目标，鼓励自理行为和亲社会行为，提高自我效能

根据个案在《长处与困难问卷（SDQ）问卷》中比较欠缺的方面设置适当的目标，并设计《个案每日进度报告表》。将目标贯穿在晨间活动、区域活动、集体活动、早操、户外活动、午餐、餐后活动、午睡和体育游戏等一日例行活动中。教师积极引导并及时记录，记录内容呈现在《个案每日进度报告表》中。教师对个案一天中行为目标的达成情况进行评分并进行语言描述，对进步情况进行积极评价和夸奖。研究者根据《每日进度报告》记录的信息及时进行反馈（《每日进度报告》见附表 4.8）。

积累积分，及时兑换勋章。根据《每日进度报告》中的目标达成情况，赋予一定的积分奖励。如一天下来，《每日进度报告》中的目标达成在 10 分以上，便可得到一个积分。每天积累，每积累至 15 积分时，便能兑换个案特别喜欢的一枚勋章。

班级教师持续记录 19 周，每周记录 3～5 次。研究者根据班级教师的记录，及时了解个案的变化情况，并给予相应的反馈与目标调整。

督导教师每周进班跟进班级积极行为支持方案的执行情况，了解班级教师当下面对的困难与疑惑，做好沟通与协调工作。为班级教师提供一个“咨询窗口”和“倾诉窗口”，提供适当的行政支援和情感支持，缓解教师的焦虑情绪，减轻教师在面对有特殊教育需要的儿童时产生的精神压力。

后期评估与复盘：经过4个月的班级积极行为支持方案的实施，对个案进行自我效能感、《长处与困难问卷（SDQ）》和《儿童教室适应技巧检核表》的后期评估。复盘个案一学年的进步情况，邀请父母、班级教师、园区督导人员共同参与和总结。

3. 维持期

在干预阶段2结束间隔2周后，进入维持期，此阶段与基线期一致，不对个案进行任何干预，教师和家长在自然环境中观察和记录个案的情况，以检验干预的维持效果。

（四）实施效果

1. 个案在基线期、干预阶段1、干预阶段2和维持期的评估结果变化

（1）将教师和家长评估的分值相加取平均值作为HH在困难、亲社会行为、自我效能感方面的水平，困难得分正常范围为0—11分，边缘水平为12—15分，异常范围为16—40分；亲社会行为正常范围为6—10分，边缘水平5分，异常范围0—4分；自我效能感总分为30分，3—6岁幼儿自我效能感在中等水平，即15分左右。HH在基线期的表现为困难得分17分（属异常）、亲社会行为得分3分（属异常）、自我效能感得分8.5分（低水平）；第一个干预阶段表现为困难得分为13分（属边缘水平）、亲社会行为得分3分（属异常）、自我效能感得分12分（中下水平），说明家庭积极行为支持在HH的困难缓解和自我效能感的提升方面起到一定效果；在第二个干预阶段表现为困难得分5分（属正常）、亲社会行为得分6分（属正常）、自我效能感得分19分（中上水平），说明班级积极行为支持和家庭合力对HH的困难缓解、亲社会行为，以及自我效能感提升均起到明显效果；在维持期依然保持干预后的效果，说明HH的整体状况趋于稳定。

（2）教室适应能力的提升

《教室适应技巧检核表》由班主任教师填写。前期评估为35分，后期评估为89分，提升54分，说明HH在教室适应能力方面有明显增进，已能适应

幼儿园的学习生活。进步明显的方面主要为：上课注意听，能适当响应老师的提问与唤名，将玩具及学习用品归位，能表达自己的想法，持续参与学习活动，能轮流等待，适当寻求他人协助，适时表达自己的需求，能独立完成入园的例行工作，能独立完成基本生活自理，适时打招呼，表达谢谢和对不起，遇到人际冲突能做出恰当反应，愿意尝试新事物，与照顾者分离不焦虑、不紧张。

2. 教师与家长的反馈

个案父母：在陌生的地方，她不会很紧张，不会紧紧抱住父母身体，能一个人在游乐场所玩耍。经常参加户外游戏活动，愿意主动找小伙伴玩耍，能和小伙伴融在一起。独立参与绘画活动、不怯场。笑容自然。

班主任教师：个案可以用肢体语言——点点头、摇摇头的方式与老师沟通，与同伴互动时，也可以通过肢体动作的方式来回应。她与老师建立了信任、亲密的关系。在2022年4月29日，个案在班级里第一次开口说话，随后便通过语言与教师、同伴交流。早操、户外活动和区域活动她愿意参与进来，与小伙伴一起玩游戏。越来越多的幼儿愿意与她一起玩耍。

督导教师：个案进步很大，从不能融入集体到现在能融入集体。和老师的关系越来越紧密，社交沟通和自理能力都有所提高，对幼儿园产生依恋情感。

3. 暑假返校后的追踪发现（2022年9—11月）

个案整体能力比维持期又进步很多。解锁了新技能，掌握了基本的生活自理能力。能躺在床上休息。与老师亲昵，情绪状态积极开心。能帮忙处理班级事务，愿意参加各种游戏活动，与同伴友好相处，主动与同伴分享。使用语言和老师打招呼，能使用轻声语言配合肢体动作回应老师或同伴的简单问题，基本的语言沟通无障碍。在升旗仪式中，大胆自信地站在台上向全园展示与表演，终于突破心理障碍；能独立自主参与各项户外游戏活动，不再需要同伴的特别支持与帮扶。

讨论与建议

（一）在温暖和善的支持环境里，确保所有儿童都被融入和被欣赏

在充满关怀和支持的教育现场里，教师向儿童表现和示范充满仁慈与关怀的行为，并鼓励儿童用同样的态度对待彼此。这种教室文化能营造最佳的

学习氛围，儿童的大脑能达到最佳的认知效益，也比较有心力关怀他人。儿童与能够提供连续性情感支持的老师建立融洽的关系尤为重要。研究显示，在高风险环境下还能突破困境、活出崭新人生的儿童，往往是遇见了一位有爱心的大人，而这多半是他们的老师。因为老师重视他们、理解他们、打心底真挚地关怀他们，并看见他们的潜力①。教育工作者经常被认为是弱势儿童及青少年生活中的一个关键因素，并被认为是预防儿童一系列负面生活结果的干预措施，也是与其进行多学科、专业交流的重要参与者。教师的态度被视为影响同伴对困难儿童看法的关键因素②。为了有一个系统的改变和长期的积极结果，教师的态度、信念和价值观必须有一个改变。教师所采用的策略和干预措施应该通过潜在的信念和价值观来驱动。教师必须相信儿童的行为是可以改变的。师生之间建立信任而亲密的情感联结，是帮助儿童的第一步。在本研究中，班级教师对个案倾注了极大的心血，温柔善待、细致耐心、开放式的倾听与采纳专业建议，并鼓励班级幼儿参与同伴支持，这对个案的康复起到了重要的作用。

（二）重视生态系统的改变，在自然环境中开展干预

生态系统理论是积极行为支持的理论基础之一，它重视在自然环境中开展干预，通过环境的支持去减少问题行为的发生，增加产生积极教育效果以及良好行为的可能性③。本研究重视生态系统的调整，包括家庭环境系统的调整和班级环境系统的调整，强调通过系统的改变来达到改善行为的目的。对于每个患有 SM 的儿童而言，帮助他们面对和克服谈话的恐惧都要从家庭环境开始。对于大多数儿童来说，家是他们的舒适区，是他们可以做自己和自由交谈的地方。父母最有能力支持儿童将说话推广到其他环境。即使对于那些主要在学校讲话困难的儿童来说，如果学校计划与家庭干预能一起进行，他

---

① Daniel Goleman，Peter Senge：未来教育新焦点［M］，台北：远见天下文化出版社，2015：77-78.

② Martin B，C short. Case study：Attitudes of rural high school students and teachers regarding inclusion［J］. The Rural Educator 27，2005（1）：1-10.

③ Fallon L M，O'Keeffe B V，Sugai G. Considerration of culture and context in school-wide positive behavior support：A review of current literature［J］. Positive Behavior Interventions，2012（4）：209-219.

们会做得更好[①]。既往研究数据显示选择性缄默症儿童主要在学校不说话，说明情绪压力、高度敏感和对环境不适应等因素可能是导致其不愿说话的原因[②]。在幼儿园，儿童既要遵守幼儿园和班级的各项规章和要求，又要参与完成一日的校园学习活动安排。在与老师和同伴的接触中，既要有互动、沟通、协作、竞争等行为，又要学会调节控制自己的情绪与行为并承担相应的责任和后果。对于儿童来说，幼儿园或学校集体环境是综合的、多方面的考验，所以儿童在幼儿园或学校会比在家里表现出更多的不适应、紧张感、焦虑感、较强的挫折感等。本研究中，干预过程分成家庭积极行为支持阶段和班级积极行为支持阶段。积极行为支持的实施首先从家庭开始，家庭干预方案实施 4 个月后，再加上班级积极行为支持方案的实施，两者相互补充。

（三）鼓励家校合作，多方通力支援

干预过程的核心参与者是患有选择性缄默症的儿童、家庭、儿童所在的幼儿园或学校，以及研究人员。系统中的各个成员都是干预实践中的重要成员，不是以专业人员主导的方式开展干预，而是强调由实际干预者主导的干预模式，意味着个体生活、学习的自然环境中的重要成员都参与到干预中来，所有参与人员改变被动听从专业人员意见的角色。本研究中，构建了“宝贝支持群”，确定每一位成员的角色和责任。支持群里的成员达成一致的意见，在实施前充分讨论与准备。滚动式推进，及时反馈，激励式评价，促进家庭和班级教师的主动参与。家园形成合力，积极主动构建支持循环，用心持续干预。对于干预方案和策略是否有效，每一个参与者都是重要的评价者。当家长、教师和研究人员联合起来，以帮助儿童克服选择性缄默为共同目标时，就会产生强大的变革力量。当儿童终于打破选择性缄默的沉重枷锁并说话时，通常会产生连锁反应，从而获得更多的社交参与、更强的自我效能和更高的自信心。

（四）允许替代行为与搭建说话桥

有多种原因可导致儿童青少年的社交焦虑和回避，这可能是对高唤起情

---

① 玛吉・约翰逊，艾莉森・温特根斯．选择性缄默症资源手册［M］．北京：机械工业出版社，2020：163.

② Lamsa T，Erkolahti R. Selective mutisim［J］. Duodecim，2013，129（24）：2641-2646.

境适应的生物易感性、家庭因素、充满压力的生活事件，以及儿童个性特征等方面的综合作用[①]。在支持个案的初期，允许替代性的沟通方式，比如个案放学不肯向老师说再见，可以引导其使用替代行为，跟老师挥挥手或者点点头表示，这样的行为应该被鼓励。教师为儿童提供社交沟通的选择，通过儿童的肢体语言和表情，如摇头、摆手等手势动作，教师也可读懂儿童的意思，实现日常沟通。待个案与教师建立起比较良好的社交沟通通道后，可搭建“说话桥”，引导其从可以与老师交流，逐渐扩展到与班级同伴交流。也可使用录音、录像进行脱敏。家长可将儿童在家交流的内容录音和录像传送给老师。老师在班级里适时播放，当看到视频中的自己能自如交流时，她会更加自信，在心里也会认为自己能够在集体中表现与表达自己。教师引导同伴给予积极回应和称赞，让其确信自己是可以表达的，重新自我建模。

（五）提升自我效能以改善选择性缄默的症状

自我效能（Self-efficacy）是班杜拉社会认知理论中的核心概念，指人们对自身完成某项任务或工作行为能力的信心或信念，是人对自己是否能够成功地进行某一成就行为的主观判断[②]。心理成长需要建立在自我效能感上[③]。它影响自信心，反过来又受到一个人的技能组合的影响。自我效能感与儿童的学习、生活乃至身心健康都有着密切的联系。自我效能是自我系统中起核心作用的动力因素。人类的一些衰弱性表现与其说更多是源自对环境威胁的控制无能感，倒不如说更多是由控制自己的无效能感或心理机能的暂时失调所造成[④]。情绪反应和在许多情况下的消极行为被认为是由挫折、沮丧和对儿童认为不可避免的失败的恐惧所产生的压力引发的应对机制。许多看起来消极或不好的行为，是儿童在面对他们认为超出他们掌握或控制能力的任务时的反应特征，实际上是儿童自觉或不自觉地为掩饰自己的无能而采取的自我保护策略。当儿童感到有能力和成功时，许多负面情绪和令人不安的行为就

① Kearney C A. 儿童行为障碍个案集［M］. 广州：暨南大学出版社，2004：23.

② 班杜拉 . 思想和行动的社会基础［M］. 上海：华东师范大学出版社，2001：560-564.

③ Viviane Green. 精神分析、依恋理论和神经科学中的情绪发展——创建联结［M］. 王觅，曾林，等，译 . 北京：中国轻工业出版社，2020：237.

④ 阿尔伯特・班杜拉 . 自我效能［M］. 缪小春，李凌，等，译 . 上海：华东师范大学出版社，2022（3）：343.

会消失①。自我效能是最能引发和改变个人认知的因素，欲有效改变个体的行为，须提升其自我效能感②。在本研究中，个案的自我效能较低，参与活动的积极性弱，容易退缩和缄默。干预过程中，重在引导父母和教师营造温暖、包容与理解的家庭氛围和班级氛围，父母和教师对儿童表达尊重和关心，为儿童创设自我探索、玩耍的机会与条件，与儿童共享生活经验和学习经验，及时肯定与鼓励儿童的每一个进步，增加成功体验与感受。同时，父母和教师注意做到情绪稳定、积极乐观、豁达包容，为儿童做出积极的示范。对儿童提出合理的期望水平，设置合理的目标与任务，鼓励儿童面对生活与学习中的挫折和困难，确立适合儿童成长与发展的评价标准，用客观、公正、发展的眼光来看待儿童，给予情感支持和心理关怀，营造积极的外部支持环境。与此同时，增加个案的社交机会和积累社交成功的经验，引导儿童多参与家庭事务、班级事务，以及生活自理活动，一方面促进儿童自我胜任力、自我效能、班级适应能力的提升；另一方面自然减轻儿童的社交焦虑。儿童在安全、信任、理解和支持的家庭关系、师生关系、同伴关系中，主动与环境发生互动，从而达到自我功能的修复与重建，最终走出缄默、克服心理障碍。

附：一般自我效能感问卷

表 4.6　幼儿一般自我效能感问卷

评估项目	完全不符合	不太符合	有些符合	比较符合	完全符合
1. 面对新问题或突发状况，儿童总是有类似“我能行”“没问题”的语言					
2. 儿童总是用“我很棒”“我很聪明”“我一定可以的”“加油”一类的语言来鼓励自己					
3. 儿童争着做事，总是表现得很积极					
4. 儿童对有难度的任务表现出感兴趣的样子					

① Jerome J Schultz. Nowhere to hide：Why kids with ADHD and LD hate school and what we can do about it [M]. 2011：116.

② 钮文英 . 身心障碍者的正向行为支持（第 2 版）[M]. 台北：心理出版社，2016：84.

续表

评估项目	完全不符合	不太符合	有些符合	比较符合	完全符合
5. 遇到麻烦时，儿童不会立即向他人寻求帮助，先靠自己处理					
6. 没有顺利完成任务或游戏失败时，儿童不气馁、不沮丧，坚持做到更好					

表 4.7 每周父母陪伴孩子活动记录单（父母填写）

儿童姓名：HH　　　　班级：中五班

日期：2022 年 1 月 31 日至 2 月 6 日

请孩子的爸爸妈妈根据本周情况，如实填写。在做到的相应表格里打上"√"。

	每周少于1小时	每周1小时至2小时	每周2小时至3小时	每周3小时至4小时	每周4小时以上
家庭运动			√		
家庭阅读					√
家庭游戏（或户外活动）				√	
社交活动（如创造机会让孩子和小朋友或其他人一起玩）				√	
屏幕时间（孩子使用电子产品的时间，如孩子看电视、玩手机、玩电脑等）			√		

本周孩子参与家务劳动的情况：

家务劳动的名称	和谁一起做家务
整理桌子	妈妈
倒垃圾	爷爷

本周孩子学习生活自理方面的内容：

生活自理的学习内容	孩子独立完成比例
刷牙	80%独立完成
洗脸	100%独立完成
穿鞋	100%独立完成
穿衣	100%独立完成

本周，孩子是否有发脾气的情况？（请在相应括号里打上“√”）。

A. 总是发脾气（ ）

B. 经常发脾气（ ）

C. 有时发脾气（ ）

D. 偶尔发脾气（ √ ）

E. 从不发脾气（ ）

父母如何回应孩子发脾气行为？（可多选，在相应括号里打上“√”）

A. 身体安抚（拍拍他、背部按摩、抱抱他） （ √ ）

B. 语言安慰与引导 （ √ ）

C. 向孩子示范合理的表达情绪的方式，比如通过说出来的方式（ ）

D. 教给孩子表达需求的方式，比如使用“我”字句，“我的感受是什么，我的请求是什么”（ √ ）

E. 冷处理，待孩子冷静下来再说 （ ）

F. 吼一顿、或凶一下 （ ）

G. 置之不理，选择忽略 （ ）

H. 其他（请注明： ）

本周，父母的情绪状态（请在相应表格里打上“√”）。

	父亲的情绪状态	母亲的情绪状态
非常稳定		
比较稳定	√	√
不太稳定		
非常不稳定		

本周家庭做出的努力和尝试是	孩子的进步与变化是	有无遇到新的问题或困难，请具体说明
出去走亲戚	很开心，可以接受	
主动跟大人打招呼	还是有点拘谨，但是没有像以前一样害怕	
碰到亲戚的小朋友主动跟小朋友一起玩	开始有点小害怕，适应后能融入	
努力让其融入团体活动	逐步开始接受其他小朋友，一起做游戏	跟不上的时候容易脱群
进行亲子游戏	孩子喜欢玩，而且很开心	
给孩子讲故事	很爱听，兴趣浓厚	自己不太愿意讲述，喜欢听大人讲
陪孩子看动画片	孩子比较喜欢	好看的时候停不下来
带她去领居家串门	和小朋友玩得很开心	不想回家
和哥哥分享控制权	一人决定一件事情，出去滑滑梯的时间听哥哥的意见，看动画片的内容听她的意见	孩子愿意商量，能协调
爸爸陪同一起画画	能独立画画，兴趣较浓	

表 4.8　每日进度报告（教师填写）

儿童姓名：HH　　　　0=需提升　1=好　2=非常好

日　　期：2022 年 4 月 29 日

提升领域：亲社会行为、语言互动与交流

期望 / 校园一日活动	亲社会行为、语言互动与交流				
	常与他人分享东西（食物、玩具等）	用语言回应老师和同伴、用语言表达自己的想法和需求	常自愿帮助他人（老师、同学、家长）	用友好的行为与同伴相处	教师签名
晨间、区域活动	0√　1　2	0√　1　2	0√　1　2	0　1√　2	庄小敏
集体活动	0√　1　2	0　1√　2	0√　1　2	0√　1　2	庄小敏
早操	0√　1　2	0√　1　2	0√　1　2	0　1√　2	庄小敏

续表

期望 校园一日活动	亲社会行为、语言互动与交流				
	常与他人分享东西（食物、玩具等）	用语言回应老师和同伴、用语言表达自己的想法和需求	常自愿帮助他人（老师、同学、家长）	用友好的行为与同伴相处	教师签名
户外活动	0√ 1 2	0√ 1 2	0 1√ 2	0 1√ 2	庄小敏
午餐环节	0√ 1 2	0 1√ 2	0 1√ 2	0 1√ 2	庄小敏
餐后活动	0 1√ 2	0√ 1 2	0 1√ 2	0 1√ 2	庄小敏
午睡	0√ 1 2	0√ 1 2	0√ 1 2	0√ 1 2	庄小敏
体育游戏	0√ 1 2	0 1√ 2	0√ 1 2	0 1√ 2	庄小敏
今日得分=13 分					

辅导老师留言：HH 小朋友今天在餐后画画的时候在我耳边轻轻地发出一点声音，我忙说："HH，老师刚刚好像听到你说话了，你的声音真好听，我还想再听听"。旁边的孩子也都说想听 HH 说话并把耳朵贴近她，于是她真的学了一下"喵喵"。孩子们兴奋不已："HH 和我说话了，HH 和我说话了！"大家都表扬她，我让她选了自己喜欢的徽章，她很开心。今天餐后活动 HH 选择画画，16 号小朋友问她借水彩笔，她点头答应了。后来和 34 号等好几个小朋友玩挠痒痒，玩得很开心。

父母留言：HH 在幼儿园能开口讲话了，爸爸妈妈为此感到特别开心。继续加油！

老师/家长称赞的话：HH 小朋友今天第一次说话，学各种小动物的叫声，虽然声音很轻，但是这表示她内在力量变强大，开始打开自己，真棒！HH 现在有很多好朋友了，不只是自己小组上的几个孩子是她的好朋友。班里所有孩子对 HH 都特别友爱，都喜欢主动找 HH 玩，HH 也慢慢开始和更多的孩子玩游戏，真棒！

七、伴随分离焦虑的离异家庭儿童行为支持干预研究

依据《DSM-5》，分离焦虑障碍有如下几个最明显的特征：A. 个体与其依恋对象离别时，会产生与其发育阶段不相称的、过度的害怕或焦虑，至少符合以下表现中的三种：当预期或经历与家庭或主要依恋对象离别时，产生反复的、过度的痛苦。持续和过度地担心会失去主要依恋对象，或担心他们可能受到诸如疾病、受伤、灾难或死亡的伤害。持续和过度地担心会经历导致与主要依恋对象离别的不幸事件（例如，走失、被绑架、事故、生病）。因害怕离别，持续表现不愿或拒绝出门、离开家、去上学、去工作或去其他地

方。持续和过度害怕或不愿独处或不愿在家或其他场所与主要依恋对象分开。持续地不愿或拒绝在家以外的地方睡觉或主要依恋对象不在身边时睡觉。反复做内容与离别有关的噩梦。A. 当与主要依恋对象离别或预期离别时，反复地抱怨躯体性症状（例如，头疼、胃疼、恶心、呕吐）。B. 这种害怕、焦虑或回避是持续性的，儿童和青少年至少持续 4 周，成年人则至少持续 6 个月。C. 这种障碍引起有临床意义的痛苦，或导致社交、学业、职业或其他重要功能方面的损害。D. 这种障碍不能用其他精神障碍来更好地解释，例如，孤独症谱系障碍、广场恐怖症、广泛性焦虑障碍、疾病焦虑障碍。分离焦虑障碍在 12 岁以下儿童中是最常见的一种焦虑障碍。在美国青少年中，12 个月的患病率为 1.6%，儿童 6—12 个月的患病率估计为 4%。在美国成年人中，分离焦虑障碍 12 个月的的患病率为 0.9%—1.9%。从儿童期到青少年期和成人期，分离焦虑障碍的患病率呈现下降趋势①。

个案基本情况

GZN，5 岁，女童，独生子女，发育正常，单亲家庭，父母离异，跟随爷爷、奶奶和爸爸生活。

教师的日常观察

GZN 小朋友步入幼儿园生活后，晨间来园转换时，她不肯进校门，伴随哭泣，站在校门口 10 分钟之久不肯进来。需要老师叫她来到教室门口，但只是站在教室门口，扭扭捏捏的，如果老师不去叫她，她就一直站在班级门口，需要老师和同伴叫她，才能进教室。

她经常向老师说头痛、手痛，身体不舒服，老师安慰她，她很快平复下来。但是如果老师不理睬她，她会大哭，越哭越响。需要被教师安抚，她的情绪才能平静下来。

如果东西没有发到她，比如没有及时发给她学习用品时，她也会哭，不会解决困难，哭的时候身体比较僵硬。在情绪行为方面，比较容易被激怒，她也会有反击的时候，去碰一下人家、抓破人家的脸，但这样的情况不多。关心他人、帮助他人的行为没有表现出来，除非其他小朋友在手工制作方面

① 美国精神医学学会．精神障碍诊断与统计手册（第五版）［M］．张道龙，等，译．北京：北京大学出版社，2015：182-184.

出现困难，她偶尔给予帮忙，一学期发生一两次。

老师们常常看到她总是一个人玩，内心非常的敏感，情绪很不稳定，经常在没有缘由的情况下突然放声大哭。在没有干预的情况下，每次大哭的时间持续 10~15 分钟以上。每天不定时的发呆，玩游戏时脸上面无表情，难以融入集体。

眼神回避，情绪低落，上课低头。负面情绪比较多，脸上缺少孩童天真的感觉。

午睡时间，她经常不睡，会突然发出尖叫的声音，需要老师陪伴，坐在她的床边。

放学后，她主要跟着奶奶。爸爸晚上下班比较晚，回来和孩子聊会儿天，孩子就睡觉了。

爸爸妈妈离婚后，妈妈很少来看她。即使妈妈想看她，也被奶奶拒绝，奶奶一直对孩子妈妈感到不满。

爸爸近段时间又交了新女朋友，对孩子的关注较之前更少。孩子情绪不稳定的情况更加严重，只要一进幼儿园门口就哭。

以上这些情况持续了近一年的时间。

家庭调研情况

研究者和班级教师、园区督导教师走入 GZN 家庭深入调研，了解其成长环境与成长经历。

“老师，我的妈妈不要我了。我很小的时候，她离开了家，还拿走了我宝贵的东西……”这是 GZN 小朋友见到老师后的第一句话。

通过和家长的深入交谈，进一步了解到 GZN 语出惊人的原因。原来从出生起，她一直和爸爸、爷爷奶奶生活在一起。妈妈在她 5 个月大的时候，离开了家庭，GZN 很多次提到妈妈，渴求妈妈来看望一下自己，但是没有联系方式，让她在期待中一次又一次失望。GZN 在上幼儿园之前，她唯一的好朋友就是自己的奶奶，几乎没有和同龄的小朋友相处过。晚上跟着奶奶睡。

奶奶说她的妈妈特别喜欢吵架、打架，把家里弄得鸡犬不宁。在她 5 个月大的时候，妈妈就跑出去了，在外面玩，几天几夜不回家，不带孩子。孩子从小便跟着奶奶生活。孩子 3 岁的时候，家人忍无可忍，父亲提出离婚的请求并最终与母亲离了婚，母亲搬离家庭。

奶奶表达了担忧，她胆小、怕人、喜欢哭，尤其是不能见到妈妈。有一次在放学的时候，妈妈来看她，她看到妈妈就哭起来。奶奶赶紧把孩子带回家。孩子看到妈妈感到陌生、比较紧张。妈妈脾气不好，妈妈曾经打过公公、婆婆，孩子看到过这样的场面，很害怕。近来，爸爸和新的女朋友谈起了恋爱，妈妈威胁爸爸，不准爸爸交新女朋友，而且妈妈来家里闹过。

GZN，1 岁时会说话，1 岁半能独立行走，发育正常。

因无人陪伴，爸爸要上班，奶奶要做家务，孩子一个人在家里画画和看电视，成为了生活的常态。

研究工具

家庭养育环境问卷

长处与困难问卷 SDQ（教师版和父母版）

教室适应技巧评估

幼儿自我效能感量表

无歧视性评估

教师评估与家长评估

运用《长处与困难问卷（SDQ）》（教师版和父母版）、《儿童的教室适应技巧检核表》、《幼儿自我效能感量表》（父母版和教师版）和《3—6 岁儿童家庭养育环境问卷》，进行全面评估。

《长处与困难问卷（SDQ）》评估小结：教师填写的《长处与困难问卷（SDQ）》评估结果：情绪症状 9 分，属异常；品行问题 5 分，属异常；多动 2 分，属正常；同伴交往问题 4 分，属边缘水平；亲社会行为 5 分，属边缘水平；困难总分 20 分，属异常；影响因子：非常困扰着 GZN，在家庭生活、与朋友关系和课外休闲活动困难较大。

父母填写的《长处与困难问卷（SDQ）》评估结果：情绪症状 8 分，属异常；品行问题 5 分，属异常；多动 2 分，属正常；同伴交往问题 4 分，属异常；亲社会行为 5 分，属边缘水平；困难总分 19 分，属异常；影响因子：非常困扰着孩子，在家庭生活、同伴关系和课外休闲活动中存在较大困难。

家长的评估与教师的评估有一致性。GZN 小朋友在情绪症状、同伴交往、亲社会行为方面存在一定困难，困难持续了近一年，较为影响其在园的学习生活和休闲娱乐。

幼儿自我效能感评估小结：综合班主任教师和家长的评分，将两者平均后，得到 GZN 的自我效能感分数为 12 分（问卷总分为 30 分）。以往研究发现，3—6 岁幼儿自我效能感在中等水平①。由此看出，她的自我效能感处于中等偏下的状态。在面对新问题或突发状况时，她很难应对；不会使用“我很棒”“我很聪明”“我一定可以的”“加油”一类的语言来鼓励自己；不会争着做事情，表现不太积极；对有难度的任务往往退缩；遇到麻烦时，不会向他人寻求帮助，也不会靠自己处理，经常用哭的方式来应对困难；没有顺利完成任务或游戏失败时，容易沮丧、气馁，无法坚持。

儿童的教室适应技巧评估小结：《儿童的教室适应技巧检核表》，由班主任教师填写。她在班级适应方面存在一定的困难，在表达自己的想法、参与同伴合作、适当寻求他人协助、适时表达自己的需求、独立完成入园的例行工作，用恰当的方式表达自己的情绪等方面存在较大困难。

儿童行为动机评量：经行为动机评量，分析得知她哭闹行为的主要目的是获得他人的注意和获得实质性的东西。

家庭养育环境评估小结：父亲填写了《3—6 岁儿童家庭养育环境问卷》。家庭养育环境总体情况：得分 170 分，满分 295 分，位于 57. 62%。

语言/认知方面：欠缺引导。父母很少和孩子一起唱歌、听音乐，偶尔给孩子讲故事，有时和孩子目光、言语交流，有时帮助孩子认知形状、大小、颜色、数字等。

情感温暖/自我表达方面：缺乏家庭温暖。父母很少拥抱孩子，无法做到及时回应孩子或者经常鼓励、赞美孩子，对孩子不高兴的原因不太了解，有时会帮助孩子认识事物、扩大词汇，鼓励孩子用语言表达自己。

社会适应/自我管理方面：欠缺引导。父母在引导孩子遵守公共准则和规范孩子行为，延迟满足孩子的要求，锻炼孩子的自控能力，鼓励孩子生活自理，引导孩子和其他儿童的交往，鼓励孩子做家务，自主管理自己的物品，培养良好的生活习惯，鼓励并提供机会让孩子克服困难解决自己的问题等方面存在明显不足。

---

① 黄薇，阳泽. 3—6 岁幼儿目标取向、自我效能感与自我控制的关系［J］. 心理发展与教育，2015（5）：547-554.

忽视/干涉/惩罚：父母或家里的大人不会用恐怖的意象（如大灰狼）吓阻孩子的自主行为，不会凭自己的心情对孩子忽冷忽热，不会把孩子限制得很死，不会无故向孩子发脾气，但是爷爷奶奶会包办、代替孩子做力所能及的事务，比如给孩子喂饭、穿衣。

活动多样性/游戏参与：比较缺乏生活内容的丰富性。父母或家里的大人，有时会带着孩子去郊区野外玩耍，很少和孩子做角色游戏，有时让孩子参加各种户外活动，偶尔带孩子观看表演、参观博物馆，有时带孩子去超市或公园。

环境气氛：家庭气氛比较紧张。离异的母亲在得知父亲交了新的女朋友后，来家里闹事，使孩子情绪上较为紧张、害怕。家里物理环境宽敞，有多个可供孩子活动的房间，孩子活动的房间光线明亮，但缺乏家庭情感滋养。

同伴访谈

选择她身边4位小朋友（同一小组）进行一对一访谈，即一位小朋友在场时，其他小朋友不在场。

表 4.9　GZN 同伴访谈结果（干预前）

问题	同伴的回答
你愿意和 GZN 小朋友一起玩吗，为什么	“愿意，小时候我们去家里玩过。”（LHY 小朋友） “她不哭的时候，可以。”（YJR 小朋友） “有时愿意，有时不在一起玩，因为她会哭。”（LZH 小朋友） “不愿意，她总是哭啊哭的。”（YLC 小朋友）
你和她一起玩过什么游戏	“玩过捉迷藏。”（LHY 小朋友） “不记得了。”（YJR 小朋友） “很少一起玩，因为她会哭。”（LZH 小朋友） “没玩过。”（YLC 小朋友）
你们现在是好朋友吗，你愿意和她交朋友吗，为什么	“她很善良，所以我就和她玩了。”（LHY 小朋友） “还不是好朋友，我不喜欢她哭。”（YJR 小朋友） “不是好朋友，她哭的时候，我害怕。”（LZH 小朋友） “不是好朋友，不愿意和她交朋友。”（YLC 小朋友）
你提醒或者帮助过她吗	“没有。”（LHY 小朋友） “没有。”（YJR 小朋友） “帮助过，她每次哭的时候，我都安慰她。”（LZH 小朋友） “没有。”（YLC 小朋友）

续表

问题	同伴的回答
你觉得她怎样做或做什么，你会更喜欢她	“我希望她在家里的时候好好学习、更好地帮助别人。”（LHY 小朋友） “我希望她不哭，自己能走到教室里来。”（YJR 小朋友） “吃饭厉害一点，我会更加喜欢她。”（LZH 小朋友） “来幼儿园不哭不闹，我会更喜欢她的。”（YLC 小朋友）

小结

从同伴访谈中发现，小伙伴表达了她的情绪行为问题给她带来的建立友谊的困难，与小伙伴一起玩耍的困难，以及同伴支持方面的欠缺。

共同研判与决议

评估、访谈结束后，整理收集到的资料组织研判会，家长、班主任教师、园区行政人员共同参与，就儿童的情绪困难和适应困难等问题展开交流与讨论。会议参与人员共同决议她是否需要专业支持并讨论、设计干预方案，征得个案父亲同意，自愿参加干预研究。

GZN 分离焦虑形成的主要原因分析

结合以上评估与访谈结果，尤其是家庭养育环境评估结果，可以发现她通过哭闹的行为来引起他人的注意，说明在家庭养育环境中父母对她的关注或关心较为缺乏。

家庭养育环境存在困难

她生活在离异家庭，父母对孩子的关注较少，跟随老人长大，缺乏家庭温暖。近期爸爸交了女朋友，对她的情感需求更加忽视。

她有被关注、被爱和安全感的心理需求。她难以融入集体，对外界的刺激比较敏感，缺乏自信和安全感。

表达个人需要和获得关注的能力欠缺

对于她自己想得到的东西，不会用合适的语言表达出来，更多以哭闹的行为来表达自己的需求。特别想得到老师的关注，如果老师没有及时关注她或回应她，她就会哭闹。

缺乏支持性的班级环境

班级整体的支持力度不够充足，同伴的接纳与支持方面存在欠缺。

表 4.10　GZN 家庭积极行为支持方案的具体内容

干预时间	干预重点	干预内容及目标
2021 年 10 月至 2022 年 1 月	改善家庭养育环境	(1) 加强父母心理健康教育，了解父母行为作风、情感态度，重视父母行为代际传递问题，比如孩子母亲的情绪与行为的调整，将母亲情绪不稳、来家中闹事对孩子的安全感的影响降至最低；(2) 创造良好的家庭氛围，增进情感交流及适应性，加强亲子陪伴和互动，促进问题的有效解决；(3) 增强养育技能的学习。在“GZN 宝贝支持群”里每日分享一篇育儿资料，父亲跟进学习，根据 GZN 的气质特点改善教养方式并增强一致性，提高教养心理灵活性；(4) 增加亲子陪伴、亲子互动的机会，比如亲子阅读、户外运动、亲子游戏、亲子绘画等，在亲子活动中增进亲子情感联结
	前事控制	(1) 预告一日生活的安排，让孩子有心理预期；(2) 拟订行为契约，提示积极行为，用恰当的方式，比如用口头语言来表达自己的需求，以替代哭闹行为
	行为引导	(1) 增加社交机会，如和小伙伴一起玩耍、串门、走亲戚，在自然的社交情境中教导一般的交往技巧及语言表达需求；(2) 避免批评及惩罚，以积极语言提示积极行为，灵活调整任务难度，以符合孩子的能力；(3) 鼓励自理行为，训练孩子独立进食、独立如厕、穿脱衣物和鞋子、整理物品等基本的自理能力，培养自我效能感；(4) 鼓励参与家务劳动，提高家庭责任感和增强自尊自信
	后果处理	(1) 家人积极回应孩子的积极行为，满足孩子的情感需要；(2) 搭配增强策略，鼓励符合行为契约的行为

积极行为支持方案的设计与实施

在钉钉里建立“GZN 宝贝支持群”，父母、班主任教师、园区督导教师（行政人员）和研究人员共同参与其中，以便于沟通与协作、持续性的支持与反馈。

干预阶段 1：家庭积极行为支持方案的设计与实施（2021 年 10 月至 2022 年 1 月）

基本思想：增加家庭温暖，增加对个案的关注与陪伴，增加亲子活动，增加个案与外界交往的机会，减少屏幕时间，减少家庭中的包办代替，鼓励自理行为，提高自我效能感，增进自信。

发放《父母亲子陪伴记录单》。父亲每周记录，如实填写，持续 4 个月。

内容包括一周亲子阅读、亲子运动、亲子游戏、社交互动、屏幕使用、家务劳动、生活自理、孩子与父母的情绪状态等方面的记录。研究者给予及时的反馈与引导。与此同时，父亲每周在“GZN 宝贝支持群”里分享亲子互动的视频或照片，研究者和教师均给予积极反馈与鼓励。

中期评估：经过 4 个月的家庭积极行为支持方案的实施，对家庭养育环境、幼儿自我效能感和《长处与困难问卷（SDQ）》进行第二次评估。

复盘一学期进步情况的会议：在学期末进行复盘与总结，梳理 GZN 一学期来的进步变化以及假期的生活安排，提出下阶段要提升和努力的方向和内容。个案的父亲、班级教师、园区督导人员和研究人员共同参与和讨论。

干预阶段 2：班级积极行为支持方案的设计与实施（2022 年 2—6 月）

在家庭积极行为支持方案实施 4 个月后，开始添加班级积极行为支持方案。在班级积极行为支持方案的实施阶段，家庭养育环境和家庭支持继续维持在一个积极的水平。

基本思想：构建支持性的班级环境，建立信任、融洽的师生关系，打造关怀教室，满足个案需要被关注的心理需求，运用替代行为（用言语表达的方式替代哭闹行为）鼓励自我表达，鼓励自理行为和亲社会行为，引导同伴支持，促进自我效能感的提升，改善其情绪与行为困难。同时成立班级支援团，鼓励同伴对个案的支持与帮扶。（见表 4. 11）

以下通过两个活动片段，展现班级积极行为支持的具体实施过程。

酸酸甜甜的棉花糖——在区域活动中，个案与同伴的主动交往

在某天的区域游戏中，一名男孩选择了生活区，把圆形塑料材料模拟成垃圾，正专心致志地尝试用扫帚进行“清扫工作”。当圆形塑料材料与簸箕平行而扫不进去的时候，这名男孩觉得很奇怪，便弯着腰和桌面保持水平方向进行观察。

这时，GZN 和一名女孩一起经过生活区，对垃圾分类的材料很感兴趣，她们一起坐在了男孩的对面开始游戏。不一会儿，生活区里传来了阵阵笑声。男孩把区域的筐子倒扣在圆形塑料材料上，嘴里说着：“噼里啪啦，噼里啪啦，嘣！香香的爆米花谁要吃?”女孩举着手说：“我要，我要买，都给我吧。”男孩小心翼翼地打开筐子，用手碰了一下圆形塑料片后把手缩了回来，“烫，太烫了！我用勺子来夹。”女孩拿着男孩给她的“爆米花”，转身又问

表 4.11　GZN 班级积极行为支持方案的具体内容

干预时间	干预重点	干预内容及目标
2022 年 2 月至 2022 年 6 月	建构支持性的班级环境	(1) 教师经常的鼓励与赞美，及时发现儿童的闪光点； (2) 创设机会，增进师生情感联结，比如排队的时候，老师主动拉起她的手；每天主动、热情地和她打招呼； (3) 引导同伴支持，安排同伴小老师。安排小小礼仪员，到门口迎接，每周有小朋友在门口迎接她的到来； (4) 提供儿童参与各项活动的机会，鼓励她参与班级活动； (5) 倡导多元价值观及尊重特殊需求； (6) 挖掘儿童的潜力，鼓励并给予儿童表现个人优势能力的机会，比如她擅长画画，可以创设机会展示她的潜力； (7) 班级教师协同、提供个别支持。班主任教师和搭班教师协同配合，为儿童提供个性化的支持，尤其是当她感到被忽视的时候，教师之间的协同就更为重要； (8) 上课提供有系统、结构的教学程序。教学设计穿插多元动态与静态交替活动，激发儿童参与学习的动机和兴趣； (9) 利用教具、媒体提升儿童学习动力。比如她喜欢动手操作类的手工活动，可准备一些手工材料，让其参与手工活动，增进联结；
	前事控制	(1) 预告一日学习生活安排，让儿童有心理预期； (2) 对于例行事务的变动事先预告，例如：班级作息、活动等； (3) 增加关注儿童的机会，从儿童的非语言中探测儿童的需求，及时满足儿童。发现她的一些小动作或是需要帮助的小眼神，老师及时对她进行帮助。当发现她的表情有低落的情绪时，教师及时询问具体情况。教师及时引导她用语言表达的方式表达自己的需求； (4) 安排对儿童有利的座位，离老师近的座位，及时关注儿童。上课时 GZN 小朋友喜欢往最后一排坐，老师可以及时地让她更换座位，并且告诉她坐前排的好处； (5) 拟订行为契约，提示积极行为，引导用恰当的语言表达方式表达自己的需求，以替代哭闹行为； (6) 常常看着儿童，让她感受到老师经常关注着她； (7) 鼓励儿童多参与运动，用运动的方式疏解情绪； (8) 当儿童主动举手回答问题时，教师及时回应她或叫她回答；

续表

干预时间	干预重点	干预内容及目标
2022年2月 至 2022年6月	前事控制	(9) 午睡时，教师用一段时间陪伴左右，提前给予儿童语言安慰和关注，满足其安全感的需要； (10) 当她一个人玩游戏的时候，教师主动和她交流，并邀请同伴一同游戏，增加社交机会。例如，引导儿童和小伙伴一起玩耍，扩展她的朋友圈，在自然的社交情境中教导一般的交往技巧及沟通方法； (11) 教师适时处理儿童的情绪，给予情感安抚； (12) 避免批评及惩罚，以积极语言提示积极行为，灵活调整任务难度，以符合她的能力； (13) 使用解释性反馈，教师花点时间与她坐在一起进行交流，让她感到自己是有价值的； (14) 运用“共同叙事”，即儿童与教师用共同叙事的方式，以儿童为主角，一起讲述一段共同的经历，故事的“情节”可以是发生在大家身上的某件事，增强她作为小组一员的自我意识和自我身份；
	行为引导 能力培养	(1) 鼓励“入园五部曲”，做好入园准备，培养自我效能感； (2) 区域活动时，教师经常带她到语言类区角游戏，激发她表达内在需求的欲望； (3) 鼓励儿童参与班级事务，承担班级升旗手的光荣任务，提高其班级责任感，增强自尊自信； (4) 及时调节同伴之间的矛盾，予以安慰和说明，疏通同伴交往中的难点； (5) 当她想表达需要什么物品时，教师引导她大胆表达自己的需求，替代哭闹的行为方式； (6) 当她做事情没有方向的时候，教师耐心与她沟通并引导。在班级讲故事的活动中，GZN 小朋友不愿意张开嘴巴讲故事内容，老师这时候可以积极引导，并且和她一起回忆故事内容，争取让她自己说出来； (7) 在幼儿园，有小朋友欺负 GZN 时，她总是默不作声，并且以哭的方式来解决。老师多多鼓励她说出来，把自己的情绪表达出来，并且老师及时在其中给予调节；

续表

干预时间	干预重点	干预内容及目标
2022 年 2 月 至 2022 年 6 月	后果处理	(1) 教师积极回应她的积极行为，满足情感需要。如发现她午餐时的光盘行动，教师奖励她光盘小贴纸，做光盘记录； (2) 搭配增强策略，鼓励符合行为契约的行为。当她的情绪状态佳的时候，给予她适度的表扬； (3) 当发现她主动与同伴交往的时候，教师给予鼓励与赞美； (4) 在上课做作业时，她积极参与而且正确率较高；但是在她做错作业老师给她讲时，她会不高兴，感觉老师在否定她。此时教师要和她沟通、解释，让她知道老师并没有责怪她的意思。

GZN：“卖棉花糖喽，你要买吗？想吃什么口味的？”GZN 说：“我要一块菠萝味的棉花糖。”女孩听后在一堆圆形塑料材料里翻翻找找，找出了一块黄色的圆形塑料片放在 GZN 手上，“快尝尝看吧。”GZN 微笑着接过，放在嘴前假装“品尝”着说：“太好吃了！酸酸甜甜的味道，我喜欢！”

在 GZN 和同伴们的游戏中，可以看到他们之间因同一个兴趣，喜欢买卖的角色游戏，而生发了一系列的游戏故事。GZN 的社会交往进步很大，她在游戏中大胆选择和自己兴趣相同的玩伴，主动坐进了区域的工作环境中。

男孩之前积累了很多关于爆米花的生活经验，他很自然地将已有经验迁移到了游戏中，把刚出炉“滚烫”的爆米花表演得惟妙惟肖，吸引了 GZN 的注意。小伙伴们在一起进行着积极的游戏互动。在女孩的主动询问下：“你要不要品尝一下棉花糖？”把 GZN 自然带入他们的游戏情境中，因为同伴的支持，让 GZN 也融入此次游戏主题。教师要关注儿童的游戏动态，不要随意打扰他们的游戏想法。有时同伴的支持与影响，比教师带着 GZN 参与游戏的效果更好，她慢慢地开始尝试独立与同伴交往，建构起积极、正向的社会情感。在他们游戏结束时，教师蹲下身来请他们叙述共同的游戏和经历的“故事”。当儿童重述这一件真实发生过的事情时，教师引导并认可他们的说法，适时提问，让故事得以发展，并且帮助儿童将一个人的说法与另一个人的说法衔接起来。当这些通过共同叙事构成的故事被重复多次后，常常会被加入新的内容，变得与最初的版本不太一样。对于那些不一致的地方没有必要指出来加以纠正，因为儿童这么做是有目的的，他们希望掌控故事的发展并加强自己在团体中的地位。

植物角里的“新朋友”——艺术创作活动中的大胆创想

植物角里最近来了一盆“新朋友”——仙人掌，引起了孩子们的注意，她们忍不住地碰一碰，近距离地观察着。孩子们说：“仙人掌尖尖的，有好多的刺！”GZN和另外几个小伙伴们，想要在纸上画一盆仙人掌。可是，要怎么把它画下来呢？孩子们向老师求助。看着孩子们浓厚的创作热情，老师在美工区里选择了一系列可以用来制作的低结构材料。

老师用建议的口吻说：“你们看看仙人掌的花盆和仙人掌的形状，仔细观察一下。”一名女孩说道：“仙人掌的花盆大大的，不是小小的，不然仙人掌种不进去。”GZN说：“花盆好漂亮，我也可以画一个好看的花盆。”老师运用解释性反馈，回应GZN：“你是说你要画一个好看的花盆是吗？你想在花盆上装饰点什么使它更好看？”GZN说：“我要画一只蝴蝶，一只蜜蜂，一张笑脸在花盆上面。”教师继续运用解释性反馈：“花盆上面画上蝴蝶、蜜蜂和笑脸，一定特别美。”同时教师提醒道：“画花盆的时候，可以画在纸的下面一些，上面可以留一些空间给仙人掌。”

有的孩子画了长方形的花盆，有的孩子画了倒梯形的花盆，孩子们擅长在花盆上进行花纹的设计！可是，到了画仙人掌的时候，再次难住了孩子们，其中一个说：“这要怎么画出来呢？”老师回应道：“你们找一找，我们身体上的哪个部分和仙人掌的外形有些相似呢？”孩子们低头开始寻找，GZN突然激动地说：“你看我的手掌，这样像不像一个仙人掌啊？”孩子们纷纷赞同GZN的想法，她们用各自的办法，把手掌轮廓“搬”到纸上。GZN用水彩笔描画手掌轮廓，成功地在自己设计的花盆中种入了仙人掌，GZN开心地向同伴们展示自己的作品。

区域中的美术活动——绘画《仙人掌》，是儿童自发想要去创作的作品。由于儿童的绘画经验不足，现阶段还不能够把具象的物体，转换成为线条表现出创作物体。幼儿时期的儿童正处于一个对任何事物都会好奇的年龄段。当遇到自己感兴趣的事物时，他们愿意主动地观察，捕捉到的观察点特别而细致，与成人的固有思维很不一样。教师需要给予儿童足够的自主观察和讨论的空间。GZN 特别享受创作花盆和仙人掌的乐趣，30 分钟的时间，一直沉浸于其中，埋头于创作中。在描画手掌轮廓的时候，她还站了起来，认真描画着自己的每一根手指。遇到描画不全手掌轮廓的时候，没有放弃，她把手掌放上去两次，并再次重复描画，最终把手掌都描画完整。从中可以看出，她在创作中的坚持性和创造性，其情绪在活动中也一直保持稳定。

教师将以上活动片段在“GZN 宝贝支持群”同步分享，也经常在支持群分享她在班级的其他情况，做好家校沟通，及时发现她的良好表现，并主动告知家长。鼓励、支持家庭的参与，与家长沟通建立合理的期待。

后期评估

班级积极行为支持实施结束后，运用长处与困难问卷 SDQ、幼儿自我效能感、家庭养育环境问卷，进行后期评估。

维持观察期（2022 年 6 月）

在干预阶段 2 结束间隔 2 周后，进入维持期，此阶段与基线期一致，不对儿童进行任何干预，教师和家长在自然环境中观察和记录儿童的情况，以检验干预的维持效果。

效果与分析

基线期、干预阶段 1、干预阶段 2、维持期的评估结果变化。

干预结束后的评估中，个案的困难总分明显降低，在情绪和社交方面与普通幼儿无异，亲社会行为从边缘水平提升至正常水平。自我效能感中等以上，达到了与普通幼儿相当的水平。干预效果在干预结束两周之后继续维持。

表 4.12　GZN 四个阶段的评估结果对比

	基线期	干预期 1	干预期 2	维持期
SDQ 中的困难分值	19.5（异常）	9（正常）	4（正常）	4（正常）
SDQ 中的亲社会行为分值	5（边缘水平）	6（正常）	7（正常）	7（正常）
幼儿自我效能感分值	12（中下）	15（中等）	20（中上）	20（中上）
家庭养育环境分值	170	216	216	216

教室适应能力的提升

在教室适应方面，GZN 进步明显，与干预前的教室适应能力相比，有较大提升。前期评估59分，后期评估93分。个案的教室适应技巧得到很大提升，目前在学校里适应良好。主要进步为：与照顾者分离时情绪稳定，无负面情绪表现；上课注意听、听从指令，能表达自己的想法，能轮流等待、与同伴合作，独立完成入园的例行工作，能用合适的方式表达自己的情绪等。

访谈结果分析（教师、家长与同伴）

教师访谈结果：自从父亲陪伴个案后，她的情绪得到了很大的缓解。尤其是当《父母每周陪伴孩子的记录单》和《父母做出的努力与改变》两份表格发给家长后，孩子开始好转。她晨间来园转换，情绪好转稳定。步伐轻快，自己可以独立进班级。她现在会找小朋友一起玩，社交比较主动，有固定的好朋友，喜欢和能力强的孩子一起玩，喜欢和经常受到表扬的同学一起玩，会主动邀请他们。脸上的笑容明显增多，负面情绪发作的频率少了，情绪改善较大。能遵守规则。内心安定很多，注意力比较好，比较专注，坚持一件事情做完再完成另一件事情。自从父亲开始陪伴后，她脸上灿烂的笑容比较多。

家长访谈结果：个案情绪方面稳定了下来，在亲子陪伴和亲子活动中，她都很开心。父亲每个周末都会陪伴她，带她出去玩。她的情绪和行为都更加积极而主动。

同伴访谈结果

同伴愿意跟个案玩耍、做游戏、建立友谊，愿意帮助她，也发现她进步了、情绪变得更加积极、正向。

表4.13　GZN同伴访谈结果（干预后）

问题	同伴的回答
你愿意和GZN小朋友一起玩吗，为什么	“愿意。因为我拿不到玩具的时候GZN帮我拿，所以我喜欢跟她玩。”（LHY小朋友） “愿意。”（YJR小朋友） “愿意，因为她和我玩积木的时候她愿意和我玩小人的游戏。”（LZH小朋友） “因为我们经常在一起玩，每天早上来学校她会主动和我玩。”（YLC小朋友）

续表

问题	同伴的回答
你和她一起玩过什么游戏	“石头剪刀布、老狼老狼几点钟的游戏。”（LHY 小朋友） “玩过小蝴蝶的游戏。”（YJR 小朋友） “玩木头人的游戏。”（LZH 小朋友） “过家家的游戏、123 木头人的游戏。”（YLC 小朋友）
你们现在是好朋友吗，你愿意和她交朋友吗，为什么	“是的，愿意，我凳子倒的时候她帮我扶起来。”（LHY 小朋友） “是的，是好朋友。”（YJR 小朋友） “是的，愿意和她交朋友、只要和我玩就行了。”（LZH 小朋友） “中班的时候才是好朋友，因为上次她主动找我当好朋友。”（YLC 小朋友）
你提醒或者帮助过她吗	“帮助过，她摔跤的时候我把她扶起来。”（LHY 小朋友） “没有。”（YJR 小朋友） “有帮助过她。”（LZH 小朋友） “帮助过，有时候她出去玩的时候跑得太快了，我会主动提醒她跑慢点。”（YLC 小朋友）
你看到她有哪些进步	“画画的时候，可以不说话，安安静静地画好。”（LHY 小朋友） “她不哭闹了。”（YJR 小朋友） “她做作业很棒，现在不经常哭了。”（LZH 小朋友） “交朋友方面有很大进步，我看到了她和我还有沈××成了好朋友。我觉得她开心了，笑起来了。”（YLC 小朋友）

追踪结果

暑假返校后的追踪记录发现（2022 年 9—10 月）。

教师反馈：GZN 小朋友在学校基本没有出现哭闹的现象，各方面表现良好，上课时积极举手回答问题，积极参加活动，在班级中可以和同伴在一起玩，很多小朋友也非常愿意和她一起玩耍。

父亲反馈：GZN 目前不乱发脾气，按时吃饭睡觉，还会帮忙做家务。周末和小伙伴一起玩耍，情绪状态佳。

讨论与思考

1. 离异家庭养育环境对儿童成长的负面影响

父母离异给儿童的生活蒙上了阴影，与完整的家庭儿童相比，离异家庭的儿童倾向于在智力、同伴关系、亲子关系、情绪等方面表现出一定的问题①。向碧华等研究者在《离异家庭监护父母情绪智力与儿童情绪行为适应的关系：儿童希望感的中介作用》一文中考察离异家庭监护父母的情绪智力与儿童情绪行为适应的关系，以及儿童的希望感在其中的中介作用。采用情绪智力量表（EIS）、长处与困难问卷（SDQ）和儿童希望感量表（CHS）对115名离异家庭儿童及其监护父母进行调查。结果显示：离异家庭监护父母的情绪智力与儿童困难总分呈显著负相关，与儿童亲社会行为和希望感呈显著正相关。离异家庭监护父母的情绪智力能负向预测儿童的困难总分，正向预测儿童的亲社会行为。离异家庭监护父母的情绪智力在一定程度上通过影响儿童的希望感作用于其情绪行为适应②。家庭环境的亲密度是儿童行为问题的保护因素，亲密度反映家庭成员之间相互承诺、帮助和支持的程度。亲密度高、和睦的家庭能给予儿童安全感，有利于儿童心理行为发育；相反，家庭关系紧张、不和睦、不安全的环境，常使儿童处于警惕和应激状态③。

育儿无疑是最烦琐、最多样、最复杂的工作之一，一旦出现问题，将对社会产生深远的影响。父母是子女的第一种保护形式，当父母角色不被执行时，往往会对子女产生影响。对于无父母照料的儿童，他们除了面临生理挑战以外，一些心理挑战，比如分离焦虑（对与他人分离所做出的痛苦反应）使他们容易受到伤害，易导致心理上的严重脆弱性④。

个案在幼儿时经历父母冲突、关系不和、争吵、打架乃至离异，其母亲经常在家大吵大闹，甚至与家人大打出手或者在外游玩、彻夜不归。这样的挫折历程，对于其安全感和依恋感的建立是负面作用力。在她分离焦虑、行为困难的背后是缺乏安全感、依恋与归属的心理需求。

---

① 董奇．离异家庭儿童良好适应的影响因素研究［J］. 心理发展与教育，1999（3）：12-33.

② 向碧华，曹健，尹霞云，刘俊升．离异家庭监护父母情绪智力与儿童情绪行为适应的关系：儿童希望感的中介作用．中国临床心理学杂志［J］. 2016（5）：943-945，949.

③ 孙殿凤，衣明纪，刘金兰．家庭环境对4—5岁儿童行为问题影响的研究［J］. 中国学校卫生，2004，25（1）：48-49.

④ Sochukwuma Emmanuel Ezaka，Ibeabuchi Ephraim Ezaka. Impact of separation anxiety on vulnerability of children without parental care［J］. International Journal of Psychological Studies. 2023，15（2）：64-70.

2. 准确定位儿童情绪行为问题背后的行为功能，运用积极的行为替代哭泣的行为

根据行为动机评估，得出个案情绪行为困难的功能主要是得到他人的注意和获得实质性的东西。运用预先满足策略，提前满足个案寻求安全、想要被关注的心理需求；同时运用行为引导策略，鼓励个案发展积极的社交关系，创设同伴帮助与支持个案的机会；及时疏导个案不良的情绪与行为，引导其运用积极行为（比如用语言表达的方式）替代哭闹行为。

3. 教师运用解释性反馈和共同叙事策略，增强个案的自我意识、自我身份与价值

要实现真正的交流，最重要的是成人倾听儿童所说的话。解释性反馈也被称为主动的、思考的或重视的聆听，教师使用这一方法来体现热情、尊重和理解。当教师使用解释性反馈时，儿童会认为教师对自己是关注的、感兴趣的和认真的，于是会很自由放松地交流，这样的互动对儿童和教师来说都更有价值。当儿童听到自己的想法被教师用类似的话表达出来时，也对自己有了更多的了解。这样的交流增加了自我意识，肯定了儿童的价值，提高了语言能力——所有这些都是自我发展进程中的重要方面①。同时，运用共同叙事策略，教师抽出时间与个案一起讲说教室里发生的故事，能够增强个案作为教室一员的自我意识和自我身份。个案与教师用共同叙事的方式，以儿童为主角，一起讲述一段共同的经历，故事的“情节”可以是发生在大家身上的某件事，也可以是大家共同努力取得的一项成就，以及每个成员为此做出的贡献。当她发现有机会参与创作共同叙事的内容时，会觉得自己受到了重视，而且也有助于提高她的表达能力和与他人沟通的能力。

4. 家庭积极行为支持方案与班级积极行为支持方案的设计与实施

班级正向、积极的支持氛围：及时的鼓励和肯定，少批评否定。在日常生活中如做作业或做一些琐事时，尽管儿童做得不是很好，也要挑出好的一点来鼓励表扬她，及时给予肯定，慢慢地引导，帮助其建立自信心。

儿童每天经历很多事，开心的、不开心的，个案不愿表达、藏在心里，

---

① Marjorie J Kostelnik，Anne K Soderman，Alice Phipps Whiren. 0—12 岁儿童社会性发展——理论与技巧［M］. 王晓波，译. 北京：中国轻工业出版社，2018：108.

日积月累，无形中制造了压力。教师要通过不同的方法帮助她释放压力。例如：画画的时候，给她一张纸，让她随便画，想画什么就画什么，从画中理解她的内心世界，慢慢地引导她说出心里的事情，鼓励其分享行为。这样，不仅帮助她释放了压力，还培养了其沟通能力、想象力和绘画创作的能力。

鼓励家庭多带儿童到儿童乐园去接触同龄的伙伴，引导鼓励她认识新朋友，帮助她建立良好的人际关系。

积极引导同伴支持。请班级小伙伴主动和个案交往，鼓励她和同伴一起承担班级事务，在完成班级事务过程中积累友好的同伴相处经验和愉悦感，加深同伴之间的情感联结。

特别注意和她的沟通方式，家庭多多表达“爸爸和奶奶都非常爱你”“爸爸和奶奶、爷爷不会离开你”“你是我们的心肝宝贝儿”等，一些亲近感情、建立安全感的话语。在她感到十足安全的基础之上，再给她开适当的玩笑，这样不仅生活充满了欢乐，亲子关系也更加亲密。

在班级与家长双向沟通中，和家长保持了一致的教育理念，个案父亲每周都填写家庭亲子陪伴记录表，将陪伴过程进行记录。从“GZN 宝贝支持群”中父亲分享的记录中，清晰地看到父亲每周都会与她沟通、交流，并将情况都进行了细节描述。周末不仅有爬山的户外运动陪伴，睡前还有好听的睡前故事陪伴着她。在家庭的一日生活中，父亲还帮助她积累折叠衣服的经验，进行生活自理能力方面的引导和训练。她每一次的进步，父亲都能如实记录下来。经过干预，个案在情绪行为和能力发展方面进步显著。

八、对手足冲突儿童教育干预的案例分析

本文通过对一例具有手足冲突儿童进行教育干预的案例研究，分析形成该类儿童心理问题的原因，探讨对此类儿童心理健康问题干预的方法和教育策略，提出以学校为中心，结合家庭等力量共同帮助其健康发展的建议，为学校开展此项工作提供参考。

个案介绍

儿童 Z，男，10 岁，智商较同龄人低。母亲 27 岁生下 Z，第 1 胎，剖宫产；8 个月可以坐，2 岁左右可以独立行走；2 岁能叫爸爸、妈妈，5 岁可以

说简单句子；无其他重大躯体疾病史。

家中有一个 4 岁的弟弟（各方面发展与同龄儿童无明显差异）。家长工作繁忙，把更多的精力放在弟弟身上，无暇照顾 Z，安排他周一至周五在爷爷奶奶家吃住，周六周日回自己家。

家长对 Z 的关注较为缺乏，持放任态度。

Z 的主要问题行为描述

在家：

经常抢弟弟的玩具和食物，稍有不顺就大发脾气、骂人、打弟弟；

每当他发脾气、抢弟弟的东西或打弟弟时，便会得到父母的关注。

在校：

早上来到教室时，总是紧紧抱着老师，并要求老师抱着他，用手抚摸他的脸；

趁人不注意，经常在同学的书上乱涂乱画；

经常抢同学的文具和玩具，抢不过就掐别人、踢别人。

主要症状

自我控制能力弱，有攻击性行为，先天发展落后。

原因分析

在导致 Z 问题行为的因素中，家庭环境至关重要。Z 是在不被重视，几乎被忽略的家庭环境下长大。

随后，在“偶然”发脾气、和弟弟抢玩具与食物的过程中，Z“意外”地获得了父母的关注。而父母简单化、不恰当的处理方式又强化了他的问题行为。渐渐地，他就“习得”了这一行为方式，认为越是生气、抢夺东西，父母就越关注自己。于是，发脾气、抢夺东西便成了他获得家长关注的一种手段。

随着时间的推移，Z 的问题行为渐渐地被泛化，对周围其他人也不友好，动不动就采取攻击行为。

教育措施

家庭环境，行为改变之根本。

改变家长的态度和观念

首先改善家长对 Z 的态度、观念，以及生活环境。教师运用了以下措施：（1）随时记录孩子在校的点滴进步，及时反馈给家长。（2）经常电话联系，引起家长对孩子教育的重视。（3）推荐家长阅读儿童教育成功的案例，唤起家长教育孩子的信心。经过三个星期的坚持，家长主动要求和老师一起教育孩子。

指导家长用恰当的方法教育孩子

1. 让家长了解孩子

提供育儿书籍给家长阅读，让家长了解孩子的心理发展特点。

推荐家长参加亲子教育培训班，指导家长理解孩子的行为问题。当孩子通过发脾气、抢夺东西等攻击性行为来引发注意的时候，家长可以对孩子当时的行为不加理会，使他的攻击性行为得不到别人的注意、受不到强化，而在事后与他交流、陪他做游戏。

2. 让 Z 在家中担任重要角色

在日常生活中，家长要让孩子担任重要角色。

如接待客人时，家长要把孩子介绍给客人认识，并当众赞美他在某方面是能干的。

当他表现出照顾弟弟的意愿或行为时，给他提供照顾弟弟的机会。

给他多一点关爱，比如多和他相处，和他一起分享食物、玩玩具，经常给他拥抱。

3. 开展家庭游戏

在游戏中，可以缓解儿童的不良情绪和家庭关系，增进父子、母子、兄弟之间的感情；还可以指导他学会合作，通过“踩气球”“撕报纸”等游戏，让他宣泄内心压抑的不良情绪；通过“抱一抱，我的好孩子”“老鹰抓小鸡”“丢手绢”等游戏，增进亲子关系，培养兄弟之情，并指导他用合作的方式加入集体活动。

学校教育，行为改变之保障。

要消除 Z 的问题行为，除做好家长的指导工作之外，还需在学校生活中给予干预与辅导。

角色扮演法

角色扮演法是一种设定某种情境与题材，让儿童扮演一定角色，将角色的言语、行为、表情及内心世界表现出来，以学习新的行为或解决问题的方法。在教育辅导中，针对 Z“掐破同学的手”的事件进行了角色扮演活动。首先渲染了一个“医生和病人”的场景，要 Z 扮演这样一个角色：一个小朋友，他在学校被别的同学掐破了手，流了很多血，非常非常痛，他捂着手，哎呦哎呦叫着来到了医院，医生要给他打针、包扎……通过这种角色扮演，引导Z想象被掐破手的痛苦，并引导他想象这种痛苦是发生在被他掐破手的同学身上，从而让他真正认识到自己的错误。

代币制法

代币制是一种行为疗法，属于正强化的一种特殊形式。只要儿童做出预期的行为反应，就可获得奖励。它可以有多种简单的形式，如小铁牌、小红旗、信用卡等。教师用代币作为奖赏，强化学生的目标行为，然后学生用代币去换取自己所希望或喜欢的东西。

根据Z的情况，教师实施了以评比栏里的小红花作为强化物的代币制法。实施前让他明确规则：当半天没有攻击同学后，可得到两朵小红花，但当发生一次这样的攻击行为后，将扣除一朵小红花。当小红花的数量达到十朵时可以获得一个奖品（他非常喜欢的玩具汽车）。实施两周后增加难度：一天没有攻击性行为可获得两朵小红花，同时及时给予正面鼓励，并在全班面前表扬他，增加他完成计划的信心。

转移注意法

考虑到Z的情绪易紧张、压抑，有时消极沮丧，有时又喜笑失度，对人多怀有敌意等情况，教师平时尽量给予他多一点关注，多采用有趣的事来转移其注意力。如消耗能量，在他情绪紧张或怒气冲冲时，带他去跑步、拍球、玩大型玩具等，以达到消除攻击性行为的目的。

在集体游戏中建立有效的行为机制

在开展集体游戏时，教师有意让攻击性较强的Z担当“重任”，如当组长、裁判、老师或警察，从而逐渐让他学会约束自己。

效果

经过两个月的家庭教育和学校辅导，Z在情绪与行为方面都得到了改善。

反思

追本溯源——分析孩子的问题要透过表象看本质

作为教育者，面对儿童行为问题时，需要透过现象看本质，看清事件之间的因果联系。例如一开始，如果仅仅定位在Z攻击行为的处理上，而没有找出问题行为背后的原因，那很难真正消除儿童的问题行为。

对症下药——针对不同问题采取适当的教育措施

由于Z认知水平有限，考虑问题往往以自我为中心，并不能真正理解家长、老师所说的“打人不对”“骂人不文明”等诸多道理。这时，要运用有效的教育手段，有针对性地解决儿童的行为问题。比如，本案例采取了“角色扮演法”“代币制法”“转移注意法”“集体游戏”等方法，就是基于Z认知水平较低、缺乏运用语言表达内心感受的能力、行为控制能力较弱等特点而选择的，因而取得了预期的教育效果。

延伸教育——让学生、教师和家长都处在教育的领域之中

在本案例中，如若不解决家长的教育态度问题、不指出家长不恰当的教育方式、或者不去指导家长如何处理Z的问题，那么他的问题行为将始终存在，并将继续泛化到其他很多场合。在教育过程中，常常需要借助集体的力量（教师、家长、儿童自身和共同体的其他人）来扩大教育的成果，让儿童、家长和老师都处在教育的领域之中。

九、孤独症儿童特殊恐惧问题的个案辅导

个案基本情况

小Y，男，14岁。8岁时到杭州某医院检查，确诊为孤独症，智力残疾二级。10岁进入某特殊教育学校读一年级，目前为特殊教育学校四年级学生。在某次水果认知课上他被发现不敢拿带有叶子的水果，当老师把带有叶子的水果放到他手上时，他会紧张地缩起双手，嘴里不停地喊“扎手！怕！怕”，有时甚至紧张得尿湿裤子。后经家长访谈，得知他对任何叶子都有恐惧表现，不敢拿、不敢摸树叶、花叶和果叶，连塑料教具上的假叶子都害怕接触。

主要原因分析

通过家长访谈，分析造成小Y特殊恐惧问题的主要原因如下：

家长报告：小Y是在一次吃橘子时，被枝叶扎到后开始出现问题行为。事实是枝扎到了手，但智力上的严重缺损使其误认为是叶子扎的，从此以后凡是带有叶子的橘子他都不敢碰，只挑没有叶子的橘子吃。半年后问题行为开始泛化，对树叶、花叶、果叶都不敢碰，看到教具学具上的假叶子也有焦虑表现。

制定辅导方案

1. 辅导目标的确立

认知目标：改变“叶子扎手”的错误观念，建立对叶子的合理认知。

行为目标：敢摸叶子、拿叶子。

情绪目标：减轻对叶子的恐惧感和焦虑感。

2. 辅导方法的选择

认知疗法。认知疗法是通过改变思维或信念来改变不良认知，达到消除不良情绪和行为的一种治疗方法。由于小 Y 对叶子的认识有较大的误区，存在“叶子扎手”的错误观念，在错误观念指导下便会出现不敢摸、拿叶子，见到叶子就焦虑紧张的问题行为。对此，需从认知层面上矫正其不合理的观念。通过经常性的引导，告诉小 Y“叶子是可以拿的”“叶子不扎手”等，逐步修正他的错误认知。

系统脱敏法。系统脱敏法是行为矫正技术中的一种重要方法。它是在充分放松的心境下，让儿童逐渐接近所惧怕的事物，使其对所惧怕的事物的敏感性逐渐减轻，直至完全消失的方法。由于小 Y 的问题行为严重泛化，不但怕真叶子，还怕假叶子，所以采用系统脱敏法进行行为矫正。

示范法。示范法是让儿童通过观察、学习产生共鸣，从而增加良好行为的获得或减少、削弱不良行为的方法。在本案中，教师和家长通过示范摸叶子、拿叶子给小 Y 看，让其模仿，逐渐削弱小 Y 对叶子的恐惧。

强化法。强化法是一种行为之后，继之以强化奖赏，以此来增加这种行为发生次数的一种方法。本案中，当小 Y 出现摸叶子、拿叶子的行为时，立即给予表扬奖励，以此促进该行为的发生。

辅导过程

阶段一：建立关系期（约 4 周）

本阶段以建立信任关系为重点。

小 Y 第一次进入辅导室，一直沉浸在自己的世界里，表现出“视而不见”“听而不闻”的状态。为了让小 Y 对辅导室建立起安全感，笔者尽量顺从他，在一旁静静地陪伴他，以便使他尽快地适应新环境。从家长口中得知，小 Y 很喜欢拍球，笔者决定以此作为建立信任关系的突破口。在接下来的辅导中，笔者在辅导室里放了一只篮球。小 Y 走进辅导室看到篮球后，马上跑过去拍起来，笔者趁机播放了节奏感比较强的音乐配合他拍球。他玩得很开心。笔者在一旁使劲鼓掌，并不断地表扬他："小 Y 真棒!"他听到后，更加兴奋，拍得更快了。笔者看到小 Y 情绪很好，走过去试探性地拍了拍他以示表扬，他没有回避。辅导延续了一个月，笔者包容接纳的态度、播放的好听的音乐、营造的安全环境，以及在游戏中尝试与小 Y 建立互动关系的努力，都让他感受到了。一个月后，小 Y 由一开始的回避、紧张、抗拒转变为依从、配合，并能偶尔看笔者几眼，说明小 Y 已将自己封闭的心门渐渐打开，这为下一阶段的辅导打下了良好的基础。

阶段二：实施脱敏期（约 12 周）

本阶段以实施系统脱敏为重点。在实施脱敏前，需先引导小 Y 进行放松训练，主要包括：①吸气呼气练习。用鼻子深深地吸进一口气，保持 5 秒钟，用嘴巴慢慢把气吐出来，反复练习 5 分钟。②双手放松练习。先握紧拳头体验紧张的感觉，保持 10 秒钟，再慢慢松开双手体验放松的感觉，反复练习 20 次。③双臂放松练习。由于小 Y 的智力存在问题，很难理解双臂放松的概念，必须通过一些器械辅助进行。通过让小 Y 拉吊杆来体验肌肉被拉伸的紧张感觉，保持 10 秒后松开吊杆来体验双臂放松的感觉，反复练习 20 次。④双脚放松练习。主要通过踮脚尖走路来体验腿部肌肉绷紧的感觉，行进 10 秒后再恢复正常的步态来体验腿部放松的感觉，反复练习 20 次。⑤放松躯干上的肌肉群。往后扩展双肩，用力向后扩展，保持 10 秒钟，而后放松，反复练习 20 次。⑥双肩放松练习。向上提起双肩，尽量使双肩接近耳朵，保持 10 秒钟，而后放松下来，反复练习 20 次。因小 Y 的智力所限，较难完成面部、下巴和眼部的放松，所以在操作中，主要引导他完成以上 6 步练习。经过一个月的放松训练后，小 Y 基本掌握了放松训练的技巧，能通过听指令、看示范完成训练，达到了身心放松的效果。

下一步的工作是建立焦虑等级。因小 Y 很难用语言来表达内心对叶子的恐惧程度，所以在建立焦虑等级时，主要依靠笔者个人工作经验并参考家长意见按由重到轻的顺序进行排列，如表 4. 14 所示：

表 4.14 建立焦虑等级

	12. 用鼻子闻叶子
	11. 用手摸（拿）叶子保持 20 秒
	10. 用手摸（拿）叶子保持 15 秒
重 ↑	9. 用手摸（拿）叶子保持 10 秒
	8. 用手摸（拿）叶子保持 5 秒
	7. 用手摸（拿）叶子保持 1 秒
	6. 在 0.5 米内看叶子
	5. 在 1 米内看叶子
轻 ↓	4. 用手拿起带有叶子的塑料教具
	3. 用手拿起叶子图片
	2. 用手指电脑里的叶子图片
	1. 近距离（1 米内）看电脑里的叶子图片

在实施系统脱敏时采用的是现实系统脱敏法，即先引导小 Y 进行放松训练，在完全放松的情况下，让其远距离地看电脑里的叶子图片，去体验焦虑，多次反复后，小 Y 开始适应该情境，不再害怕。接着引导小 Y 进入下一等级的焦虑情境——近距离看电脑里的叶子图片。以此类推，从较轻的焦虑等级依次过渡到较重的焦虑等级，直至小 Y 的焦虑完全消除。两个月后，小 Y 对叶子的恐惧感大大减轻，摸叶子、拿叶子的次数明显增加，由原来的回避行为转变为主动行为。叶子在手中保持的时间从 1 秒直至 1 分钟，甚至几分钟。

七八月为暑假，辅导暂时中断，笔者交代家长可以在家延续系统脱敏训练，并教授家长相关技巧，以及注意事项。暑假结束返校后，家长反映小 Y 对叶子的抗拒、回避行为没有再度出现。

阶段三：认知改变期（约 4 周）

本阶段以改变不合理的认知观念为辅导重点。通过老师、家长拿叶子、摸叶子、闻叶子的行为示范，来彻底改变小 Y 的错误认知。同时加以语言引导，让小 Y 复述句子“叶子是可以拿的”“叶子可以摸”，鼓励其建立对叶子的合理认知。

阶段四：强化巩固期（约 8 周）

本阶段以巩固摸、拿叶子的行为为辅导重点。逐步扩大范围，不再局限在辅导室，带小 Y 到操场上看叶子、摸叶子，同时要求家长带他到社区里、马路边多接触叶子。当小 Y 出现摸叶子的行为时，立即给予表扬和鼓励。

阶段五：跟踪观察期（约 4 周）

本阶段家长和老师更多地处于观察者的身份，给予宽松的环境，较少运用辅导策略，观察他在多种环境（操场、马路、社区花园）中看到叶子的行为表现和应对方式。

辅导效果

通过辅导，小 Y 害怕叶子的行为问题得到了明显改善，在认知层面上也建立了对叶子的合理认知，改变了原先的错误观念。

反思

本个案表明，将行为干预和认知疗法相结合来矫正孤独症儿童的特殊恐惧问题有明显效果。以往对儿童的问题行为更多地采用单一的行为矫正法。虽然在短期内能取得明显的效果，但只是治表，要真正治本，还要追本溯源，将分析的落脚点放在早年形成的不良认知结构上。通过认知疗法来挖掘其根本原因，而后综合运用行为干预中的方法和手段，使整个辅导的过程成为一个相辅相成的有机整体，以获得更好的辅导效果。与此同时，在辅导个案的过程中，发现正向行为支持是解决孤独症儿童行为问题的有效方法之一。在本案中，采用示范适当行为、正向支持行为的方法，积极肯定儿童的良好动机和行为，给予儿童充分的理解和尊重，鼓励儿童朝着正向期待的方向前进。

十、绘本里渗透的儿童情绪需求的应对智慧

爱的秘密——读《愿望树》的启示

小熊贝迪和弟弟吵了一架，一生气，他离开了家。

贝迪爬上了一棵神奇的树，他饿了，树上就长出了煎饼。啊，这是一棵煎饼树！他冷了，树上就长出了毯子。啊，这是一棵煎饼—毯子树！他怕黑，树上就长出了提灯。啊，这是一棵煎饼—毯子—提灯树！这棵树真神奇。

可是里面藏着一个爱的秘密。秘密是什么？

这是诺伯特·兰达的儿童绘本故事《愿望树》开篇的一段文字。文章用

素朴的表现手法展开了儿童情绪宣泄到平复的心理过程：小熊贝迪跟弟弟吵架，他一生气就离开了家。贝迪躲到了一棵大树上，跟松鼠和小鸟们一起玩得很高兴。玩了一会儿，大家肚子饿了，松鼠和小鸟们都有东西吃，可贝迪怎么办呢？这时他在树上发现了几张香喷喷的煎饼，原来这是一棵会长煎饼的树！又过了一会儿，贝迪觉得冷了，他又在树上发现了一条毯子，原来这棵树还会长毯子！天黑了，贝迪最怕黑，这时他发现树上挂了一盏提灯！这是一棵多么神奇的愿望树，贝迪决定回家把愿望树的故事讲给妈妈和弟弟听。妈妈笑眯眯地听着，其实这些事情都是妈妈做的，但贝迪不知道，最后和弟弟挤在一个被窝里安然入睡。

这是一个简单却温馨的小故事。熊妈妈是故事的配角，但实际上起着核心的作用。她没有训斥贝迪，甚至不去安抚和召唤出走的孩子，只是默默地充当着神奇事件的缔造者。她的内心或许也在焦虑，但却愿意为孩子留下自主平复的时间和空间。当贝迪悄悄回到家时，妈妈已等在门口，给了他一个热情的拥抱。

读完这篇故事，笔者不由地联想起身边的社交、情绪和心理健康需要的儿童，以及他们的情绪与行为的处理问题。如何处理好他们的情绪与行为问题，是困扰着、考验着我们的难题，也是亟须解决的问题。《愿望树》给困惑的我们带来了一些启示，故事中那位了不起的妈妈为我们揭开了爱的秘密。

秘密之一：理解。给儿童真正想要的“理解”，是对他们最切实的抚慰。贝迪的愤然出走，并没有引起妈妈的过分关注，因为妈妈知道贝迪心里有委屈，生气只是一时发作，出走只是一时赌气。透过这些，可以看出妈妈真正理解了贝迪。发脾气的儿童是情感脆弱的，他们需要理解、安抚和帮助。父母或老师要降低自己的心理年龄，返回人生的原点，设身处地地去感受儿童的烦恼困惑与喜怒哀乐。儿童得到了理解，会感到被接纳与尊重，心情也会慢慢平静下来。

天气突变，社交、情绪和心理健康需要儿童会烦躁易怒；静坐时间长了，他们会躁动不安；熟悉的学习环境或一贯的操作程序被改变，他们会焦虑哭泣。儿童喜欢用行为来言说，喜欢用动作来表达，所以父母或老师要经常绕到儿童行为的背后去静心思考、认真分析，解读他们行为背后的含义。“因为理解，所以慈悲。”我们之所以对他们有认知偏差或处理失当，往往都源于我们没有真正理解他们。如果我们能明白他们的诉求和苦衷，任何人都会去关爱他们，都会想方设法去帮助他们。

秘密之二：等待。不要粗暴地“干预”儿童的情绪，他们有自己宣泄情绪的方式。贝迪生气后，摔门出走，这是他释放情绪的方式，妈妈并没有出面干涉，而是选择了在背后默默地注视和静静等待。

简单的训斥和控制，或许可以把儿童的情绪压抑下去，但过不了多久，它们可能会以更强烈的程度爆发出来。此时，如果他们遇到了严厉的斥责，遇到了强硬的带离，看到了冰冷的眼神，看到了发怒的表情，安全感会大大地消减，会越来越不信任身边的人，越来越逃避所处的环境，而更多地选择沉浸在自己的世界里。大人要静静等待儿童情绪释放的过程，给他们平复的时间和空间，让他们用自己的方式来消解心底隐秘的焦躁和不安。

秘密之三：关怀。关怀，是人性化的心灵慰藉，可让儿童摆脱心理阴影。贝迪饿的时候，妈妈送来了煎饼；冷的时候，妈妈送来了毯子；怕黑的时候，妈妈送来了提灯；回到家的时候，妈妈又送来了热情的拥抱。贝迪在一次次的“得到”后收获的是心理安慰。妈妈送的礼物很适时，但又悄无声息。妈妈的关怀就藏在无声无息、不知不觉中。落花无声，踏雪无痕，关怀之美也许就在于没有任何痕迹。让我们学着像熊妈妈一样给予儿童悄无声息的关怀。

原来，爱的秘密是这样简单，而我们要做的是积极的行为改善：多一些理解、多一些等待、多一些关怀。

参考文献

中文文献

著作

1. 爱德华·哈洛韦尔，约翰·瑞提．分心也有好人生［M］. 丁凡，译．太原：山西教育出版社，2011：114.

2. B. A. 苏霍姆林斯基．给教师的建议［M］. 杜殿坤，编译．北京：教育科学出版社，2000：98.

3. 班杜拉．思想和行动的社会基础［M］. 上海：华东师范大学出版社，2001：560-564.

4. 班杜拉．自我效能［M］. 缪小春，李凌，等，译．上海：华东师范大学出版社，2022：343.

5. 戴维·珀尔玛特，克里斯廷·洛伯格．谷物大脑［M］. 温旻，译．北京：机械工业出版社，2020：114.

6. 丹尼尔·高曼，彼得·圣吉．未来教育新焦点：专注自己、关怀他人、理解世界［M］. 许妍飞，译．台北：远见天下文化出版股份有限公司，2015：37，77. 78.

7. Daniel H Pink. 未来在等待的人才［M］. 查修杰，译．台北：大块文化出版股份有限公司，2020：80.

8. Eric Berne M D. 人间游戏——人际关系心理学［M］. 田国秀，曾静，译．北京：中国轻工业出版社，2006：4.

9. 格雷厄姆·穆西奇．养育与天性——儿童的依恋、情绪、大脑和社会性发展（第二版）［M］. 李凌，孙璐，译．北京：中国轻工业出版社，2023：239.

10. 洪兰．从大脑看人生［M］. 台北：远见天下文化出版社，2018：35-36.

11. 洪兰．浮萍男孩——发现男生缺乏动机的因素，再造独立负责的男儿本色［M］. 台北：远流出版社，2008：158-159.

12. 洪俪瑜，凤华，何美慧，等．特殊教育学生的正向行为支持［M］. 新北：心理出版社，2018：光碟附件 5.

13. 黄兆旦，阿米·德罗尔．养育下一代创新者［M］. 上海：复旦大学出版社，2019：6.

14. 卡洛尔·斯多克·克朗诺威兹．帮孩子找到缺失的“感觉拼图”［M］. 周常，译．北京：中国发展出版社［M］. 2017：18-32.

15. Kearney C A. 儿童行为障碍个案集［M］. 广州：暨南大学出版社，2004：23.

16. Leonard Sax. 养儿育女调不同［M］. 洪兰，译．台北：远流出版社，2008：300-301.

17. 路得·特恩布尔，安·特恩布尔，玛里琳·尚克，等．今日学校中的特殊教育（上册）［M］. 方俊明，汪海萍，等，译．上海：华东师范大学出版社，2004：213，214，223，242.

18. 玛吉·约翰逊，艾莉森·温特根斯．选择性缄默症资源手册［M］. 北京：机械工业出版社，2020：51，163.

19. 麦拉·卡巴金，乔恩·卡巴金．正念父母心［M］. 童慧琦，译．北京：北京联合出版公司，2016：145-279.

20. Marjorie J Kostelnik，Anne K Soderman，Alice Phipps Whiren. 0—12 岁儿童社会性发展——理论与技巧［M］. 王晓波，译．北京：中国轻工业出版社，2018：108.

21. 默娜·B·舒尔．如何培养孩子的社会能力 II［M］. 张雪兰，译．北京：北京联合出版公司，2012：22.

22. 钮文英．身心障碍者的正向行为支持（第 2 版）［M］. 台北：心理出版社，2016：33，84，149.

23. 帕克，克拉克·斯图尔特．社会性发展［M］. 俞国良，郑璞，译．北京：中国人民大学出版社，2014：19-20.

24. 上野一彦．学习障碍与注意力欠缺多动性障碍［M］.达庆红，译．南京：南京大学出版社，2017：61.

25. 托尼·阿特维德．阿斯伯格综合征完全指南［M］.燕原，冯斌，译．北京：华夏出版社，2012：12.

26. Viviane Green. 精神分析、依恋理论和神经科学中的情绪发展——创建联结［M］.王觅，曾林，等，译．北京：中国轻工业出版社，2020：237.

27. William L Heward. 特殊需要儿童教育导论［M］.肖非，等，译．北京：中国轻工业出版社，2007：206，207.

28. 西蒙·巴伦—科恩．恶的科学：论共情与残酷行为的起源［M］.高天羽，译．桂林：广西师范大学出版社，2018：70-71.

29. 杨晓辉．儿童执行功能发展及促进［M］.西安：陕西师范大学出版总社，2017：108.

30. 杨玉凤．儿童发育行为心理评定量表［M］.北京：人民卫生出版社，2016：373，532.

31. 约翰·瑞迪，理查德·曼宁．医生最想让你做的事［M］.北京医师跑团，译．杭州：浙江人民出版社，2019：32，50.

32. 昝飞．积极行为支持——基于功能评估的问题行为干预［M］.北京：中国轻工业出版社，2013：2-5.

33. 赵文滔，许皓宜．关系的评估与修复——培养家庭治疗师必备的核心能力［M］.上海：华东师范大学出版社，2017：18，19，21.

34. 郑信军．聚焦处境不利学生：社会性发展研究的对象关注［M］.杭州：浙江大学出版社，2007：181.

期刊

1. 陈雷音，罗学荣，韦甄，管冰清，袁秀洪，宁志军，丁军，杨伟．对立违抗性障碍儿童和自我意识的相关研究［J］.中南大学学报（医学版），2011，36（3）：217-222.

2. 陈敏榕，薛漳．注意力缺陷多动障碍儿童与父母养育方式与自我意识特征研究［J］.中国儿童保健杂志，2011（10）：935-938.

3. 陈星，鲍慧惠，吴皖珂，严双琴，盛杰，许媛媛，顾春丽，黄锟，曹慧，苏普玉，陶芳标．孕期双酚A暴露对学龄前儿童情绪和行为问题的影响．中华流行病学杂志［J］. 2018，39（2）：188-193.

4. 陈云晓，Erigene Rutayisire，伍晓艳，黄锟，于传平，陈尚徽，叶秋义，张安慧，陶芳标．学龄前儿童睡眠状况与情绪和行为问题的关联性研究［J］. 中华流行病学杂志，2017，38（9）：1191-1196.

5. 董江会，郭丽，卢婷，朱麒麟，李曚洁，龚家辉，刘宝宝，杨松达，凌莉．早期分离创伤对青春期流动儿童心理行为的影响［J］. 中国学校卫生 2015（5）：651-654.

6. 董奇．离异家庭儿童良好适应的影响因素研究［J］. 心理发展与教育，1991（3）：12-18，33.

7. 郭静芳，张静平．孕期摄入可卡因对儿童期问题行为的影响［J］. 广东医学，2014，35（4）：623-626.

8. 贺红梅，王凤，赵艳梅，欧阳春花．离异家庭儿童异常行为、情绪调查［J］. 河南大学学报（医学科学版），2001（1）：76-78.

9. 胡敏，静进，金宇，暴芃，刘步云，郭耀光，周偲，杨文翰，王惠．广州市黄埔区学龄前儿童行为问题及影响因素的横断面调查［J］. 中国循证儿科杂志，2012，7（1）：11-18.

10. 胡小梅，马兴顺，傅一笑，周颖清，朱文芬，侯枭，蒙华庆，贾璐，覃青，邱田，刘洋，李晓，王英诚，邓伟，李涛．遗传与环境对儿童青少年情绪与行为问题的影响［J］. 中国神经精神疾病杂志，2013（12）：739-743.

11. 黄会欣，李银玲，张锋，李伟强．母亲元情绪理念与儿童情绪调节能力发展的关系：母亲情绪调节的中介作用［J］. 应用心理学，2013（2）：126-135.

12. 黄薇，阳泽. 3—6岁幼儿目标取向、自我效能感与自我控制的关系［J］. 心理发展与教育，2015（5）：547-554.

13. 贾海波．心理学研究的动向：基于对美国《心理科学》创刊以来文献的计量分析［J］. 应用心理学，2019（9）：18-19.

14. 江琴，Bjorn Albin. 初中留守儿童社会支持特点与情绪行为问题的关系［J］. 中国学校卫生，2014，35（3）：325-327.

15. 李超，蔡敏．美国中小学社会与情绪学习的实施与启示——“以积极行动”课程为例［J］. 外国教育研究，2015（1）：89-97.

16. 李军霞．科学人本主义视角下的中小学心理健康教育［J］．教育理论与实践，2023，43（20）：29-32.

17. 刘国艳，王惠珊，张建端，连光利，黄娜，石淑华．中国幼儿社会性和情绪发展及影响因素［J］．中国行为医学科学，2008，17（3）：248-251.

18. 刘利梅，余美侨，王为实．早期母婴分离对学龄前儿童情绪行为的影响研究［J］．中国实用医药，2019，14（17）：20-22.

19. 刘潇荃，田歆悦，郭卫东，尹红新．高年级小学生孤独感、自卑感与社交焦虑的关系研究［J］．秦智．2023（4）：113-115.

20. 骆帼婷，郭菲，陈芷妍，章学辉．休闲无聊和青少年短视频使用的关系：一个有调节的中介模型［J］．教育生物学杂志．2022，10（5）：411-417.

21. 吕东刚．高校辅导员心理健康教育能力建设的偏失及应对［J］．教育理论与实践，2020（5）：13-14.

22. 任俊，陆春雷，吕沛泓．正念训练提升幼儿努力控制能力的干预研究［J］．中国特殊教育，2019（5）：85-90.

23. 任妍，朱帝玲，叶丽雯，李春英，陈月，杨柳，秦成洁，罗同勇．成都市学龄前独生子女与非独生子女情绪与行为问题比较［J］．中国学校卫生，2023，44（5）：733-737.

24. 孙殿凤，衣明纪，刘金兰．家庭环境对4—5岁儿童行为问题影响的研究［J］．中国学校卫生，2004，25（1）：48-49.

25. 谭春芳，邱显清，李焰．初中生幸福感影响因素的研究［J］．中国心理卫生杂志，2004，18（10）：723-725，731.

26. 汤银霞．铜陵市城区学龄前儿童行为问题及影响因素调查分析［J］．中国妇幼保健，2015，30（18）：3038-3040.

27. 唐立，周雪，赵艳．问题学生情绪行为特点及其与人格的关系［J］．教育导刊，2016（1）：44-47.

28. 陶慧慧，邵婷，倪玲玲，孙艳丽，严双琴，顾春丽，曹慧，黄锟，陶芳标，童世庐．母亲孕期情绪症状与学龄前儿童情绪和行为问题关系的出生队列研究［J］．中华预防医学杂志，2016，50（2）：129-135.

29. 王燕，孙芯芸，陈矜之，等．兰花型、蒲公英型还是郁金香型？环境与神经生物特征对儿童发展的影响［J］．心理技术与应用，2022（7）：437-448.

30. 王沂钊．幽谷中的曙光——正向心理学发展与希望理论在辅导上的应用［J］. 教育研究月刊，2005（134）：106-117.

31. 王玉洁，窦凯，高涛．青少年自我控制与情绪行为问题的相关性［J］. 中国学校卫生，2017，38（2）：294-297.

32. 向碧华，曹健，尹霞云，刘俊升．离异家庭监护父母情绪智力与儿童情绪行为适应的关系：儿童希望感的中介作用［J］. 中国临床心理学杂志，2016（5）：943-945，949.

33. 许苏，夏正江，赵洁．“社会与情绪学习”的理论基础与课程形态［J］. 外国中小学教育，2016（2）：36，61-64.

34. 薛云云，肖煜吟，付航，袁素维，姚瑶．青少年心理健康现状及改善对策——基于上海市 3 家医院的调查结果［J］. 中国卫生政策研究，2019，12（2）：65-69.

35. 杨莉，张轶杰，雷杰鹏，胡怡．情绪障碍儿童的自动思维及应付方式特征［J］. 中国卫生产业，2012（11）：117.

36. 尹霞云，黎志华，苏林雁．儿童情绪行为问题与父子冲突、父子依恋［J］. 中国心理卫生杂志，2013（1）：33-37.

37. 张媛媛，金星明，陈津津，李云，王莎莎，卞晓燕，彭咏梅．上海城市家庭养育环境与幼儿情绪和社会性发展的相关性研究［J］. 教育生物学杂志，2020，8（1）：36-42.

38. 赵娟．超前教育可能会引起脑功能失调．教育家［J］. 2019（11）：62-63.

39. 赵晓侠，陈晶琦，冯亚男，李景壹．东北某城市小学生行为问题及其影响因素［J］. 中国学校卫生，2015（6）：854-856.

40. 郑广恩．儿童情绪障碍患者自我意识及父母教养方式研究［J］. 慢性病学杂志，2016（10）：1112-1114.

41. 邹华，陈娟，衡中玉，匡桂芳．青岛注意缺陷多动障碍儿童自我意识分析［J］. 中国学校卫生，2014，35（6）：896-897.

学位论文

1. 金光．家庭暴力对儿童青少年心理健康及行为的影响研究——基于 SDQ 问卷［D］. 东南大学，2018：27-29.

2. 屈光波．童年期正性与负性经历对中小学生焦虑抑郁的影响及炎症负荷的中介效应研究［D］. 安徽医科大学，2022：5-6.

3. 庄榧南．农村小学一年级学生学校适应问题研究［D］. 西南大学，2011.

其他

1. 国家卫健委．健康中国行动——儿童青少年心理健康行动方案（2019—2022 年），2019.

2. 美国精神医学学会．精神障碍诊断与统计手册（第五版）［M］. 张道龙，等，译．北京：北京大学出版社，2015：182-184.

英文文献

著作

1. Abrams D，G Randsley de Maura，P Hutchison，G Tenday Viki. In the social psychology of inclusion and exclusion［M］. New York：Psychology Press，2005：68.

2. Evanthia N. Patrikakou，Roger P Weissberg，Sam Redding，Herbert J Walberg. School-family partnerships for children's success［M］. New York：Teachers College Press，Columbia University，2005：27，38，40.

3. Jerome J Schultz. Nowhere to hide：Why kids with ADHD and LD hate school and what we can do about it［M］. 2011：116.

4. Landrum T J. Emotional and behavioral disorders［M］. Handbook of special education，2011：209-220.

5. Lane K L. Academic instruction and tutoring interventions for students with emotional and behavioral disorders：1990 to present［M］. Handbook of research in emotional and behavioral disorders，2004：462-486.

6. Sarah Johnson. All about SEMH：a practical guide for primary teachers［M］. New York：Routledge，2024：8，12，13.

7. Steve Biddulph. Raising babies：should under 3s go to nursery？［M］. Harper Thorsons Publishers，2006：10.

8. Sugai G，Horner R H. Defining and describing schoolwide positive behavior support［M］.//W Sailore，G Dunlap，G Sugai，R Horner（Ed.）. Handbook of positive behavior support. New York：Spring Science+Business Media LLC. 2009：307-326.

9. Timothy J Landrum. Emotional and behavioral disorders. //J M Kauffman，D P Hallahan（Eds.），Handbook of special education［M］. New York，NY：Routledge，2011：209-220.

10. Visser J. A study of children and young people who present challenging behavior［M］. University of Birmingham：OFSTED，2003：10.

11. Walker H M，Bullis M. Behavior disorders and the social context of regular class integration：A conceptual dilemma？［M］.// J W Lloyd，N N Singh，A C Repp（Eds.），The Regular Education Initiative：Alternative perspectives on concepts，issues，and models. Sycamore. IL：Sycamore，1991：75-93.

期刊

1. Anderson S W，Bechara A，Damasio H，et al. Impairment of social and moral behavior related to early damage in human prefrontal cortex［J］. Nature Neuroscience，1999，2（11）：1032.

2. Ashlesha Datar. "Does delaying kingdergarten entrance give children a head strart？"［J］. Economics of Education Review，2006，25（1）：43-62.

3. Benner G J，Allor J H，Mooney P. An investigation of the academic processing speed of students with emotional and behavioral disorders served in public school settings［J］. Education and Treatment of Children，2008，31：307-332.

4. Brower M C，Price B H. Neuropsychiatry of frontal lobe dysfunction in violent and criminal behavior：a critical review［J］. Journal of Neurosurg Psychiatry，2001，71（6）：720-726.

5. Calkins S. Regulatory competence and early disruptive behavior problems：the role of physiological regulation［J］. Biopsychosocial regulatory processes in the

development of childhood behavioral disorders, 2009: 86-115.

6. Cannon Y, Gregory M, Waterstone J. A solution hiding in plain sight: special education and better outcomes for students with social, emotional and behavioral challenges [J]. Fordham Urban Law journal, 2013 (41): 403-497.

7. Carmel Cefai, Paul Cooper. The introduction of nurture groups in Maltese schools: a method of promoting inclusive education [J]. British Journal of Special Education, 2011, 38 (2): 65-72.

8. Carr E G, Dunlap G, Horner R H, et al. Positive behavior support: Evolution of an applied science [J]. Journal of Positive Behavior Interventions, 2002 (4): 4-16.

9. Charlie Tellis-James, Mark Fox. Positive narratives: the stories young people with social, emotional and behavioral difficulties (SEBD) tell about their futures [J]. Educational Psychology in Practice, 2016, 32 (4): 327-342.

10. Christina Short, Barbara N Martin. Case study: attitudes of rural high school students and teachers regarding inclusion [J]. The Rural Educator, 2005, 27 (1): 1-10.

11. Cindy Mann, Pamelas Hyde. Coverage of behavioral health services for children, youth, and young adults with significant mental health conditions [J]. Center for Medicare & Medicaid Services, 2013 (5): 1-11.

12. Colley D. Nurture groups in secondary schools [J]. Emotional and Behavioral Difficulties, 2009, 14 (4): 291-300.

13. Corinne Syrnyk. Knowing Nurture: Experiences of teaching assistants for children with SEMH [J]. British Journal of Special Education, 2018, 45 (3): 329-347.

14. Corinne Syrnyk. The nurture teacher: characteristics, challenges and training [J]. British Journal of Special Education, 2012, 39 (3): 146-155.

15. Dara R Blachman, Stephen P Hinshaw. Patterns of friendship among girls with and without attention deficit/Hyperactivity Disorder [J]. Journal of Abnormal Child Psychology, 2002, 30 (6): 625-640.

16. David Armstrong, Fiona Hallett. Private knowledge, public face: concep-

tions of children with SEBD by teachers in the UK-a case study [J]. Educational and Child Psychology, 2012, 29 (4): 77-87.

17. Deborah Lowe Vandell, Jay Belsky, et al. Do effcets of early child care extend to age 15 years? Results from the NICHD study of early child care and youth development [J]. Child Development, 2010, 81 (3): 737-756.

18. Elizabeth T. Gershoff, Andrew Grogan-Kaylor, Jennifer E Lansford, et al. Parent discipline practices in an international sample: associations with child behaviors and moderation by perceived normativeness [J]. Child Development, 2010, 81 (2): 487-502.

19. Endya B Stewart. School structural characteristics, student effort, peer associations, and parental involvement: The influence of school and individual-level factors on academic achievement [J]. Education and Urban Society, 2008, 40 (2): 179-204.

20. Fallon L M, O'Keeffe B V, Sugai G. Considerration of culture and context in school-wide positive behavior support: A review of current literature [J]. Positive Behavior Interventions, 2012 (4): 209-219.

21. Frederick J Zimmerman, Dimitri A Christakis, Andrew N Meltzoff. Associations between media viewing and language development in children under age 2 years [J]. the Journal of Pediatrics. 2007, 151 (4): 364-368.

22. Garry Hornby. Bullying experiences of students with social, emotional and behavioral difficulties (SEBD) [J]. Educational Review, 2016, 68 (2): 207-221.

23. Geetha Gopalan, Maria Jose Horen, Eric Bruns, et al. Caregiver perceptions of parent peer support services within the wraparound service delivery model [J]. Journal of Child Family Studies, 2017 (26): 1923-1935.

24. Goodman R. The strengths and difficulties questionnaire: a research note [J]. Journal of Child Psychology and Psychiatry, 1997, 38: 581-586.

25. Horner R H, Dunlap G, Koegel R L, Carr E G, Sailor W, Anderson J, et al. Toward a Technology of 'Nonaversive' Behavioral Support [J]. Journal of the Association for Persons with Severe Handicaps, 1990 (15): 125-132.

26. Ian Thompson, Alice Tawel. Becoming other: social and emotional devel-

opment through the creative arts for young people with behavioral difficulties [J]. Emotional And Behavioral Difficulties, 2017, 22 (1): 18-34.

27. Inge Zweers, Jan O Bijstra. Which school for whom? placement choices for inclusion or exclusion of dutch students with social, emotional, and behavioral difficulties in primary education school [J]. School Psychology Review, 2019, 48 (1): 46-47.

28. Jay Belsky, Deborah Lowe Vandell, Margaret Burchinal, et al. Are there long-term effects of early child care? [J]. Child Development, 2007, 78 (2): 681-701.

29. Jeremy Swinson. The self-esteem of pupils in schools for pupils with social, emotional and behavioral difficulties: myth and reality [J]. British Journal of Special Education, 2008, 35 (3): 165-172.

30. Joan Gaynor Mowat. The development of intrapersonal intelligence in pupils experiencing social, emotional and behavioral difficulties [J]. Educational Psychology in Practice, 2011, 27 (3): 227-253.

31. John Visser, Rachel Dubsky. Peer attitudes to SEBD in a secondary mainstream school [J]. Emotional and Behavioral Difficulties, 2009, 12, 14 (4): 315-324.

32. Jonathan Camenzuli, Michael A. Buhagiar. Using inquiry-based learning to support the mathematical learning of students with SEBD [J]. The International Journal of Emotional Education, 2014, 6 (2): 69-85.

33. Karen E Broomhead. Going the extra mile': educational practitioners compensating for perceived inadequacies in the parenting of children with behavioral [J]. Emotional and Social Difficulties, Pastoral Care in Education, 2013, 31 (4): 309-320.

34. Kennon M, Sheldon Laura King . Why Positive Psychology Is Necessary [J]. American Psychologist, 2001, 56 (3): 216.

35. K G Noble, N Tottenham, B J Casey. Neuroscience perspectives on disparities in school readiness and cognitive achievement [J]. The Future of Children, 2005, 15 (1): 71-89.

36. Lamsa T, Erkolahti R. Selective mutisim [J]. Duodecim, 2013, 129 (24): 2641-2646.

37. Latha Hackett, Louise Theodosiou. Mental health needs in schools foremotional, behavioral and social difficulties [J]. British Journal of Special Education, 2010, 37 (3): 148-155.

38. Madeleine Stevens. School-based support for children with conduct disorders: a qualitative longitudinal study of high-need families [J]. British Educational Research Journal, 2018, 44 (5): 781-801.

39. Mandy Ewen, Keith J. topping. Personalised learning for young people with social, emotional and behavioral difficulties [J]. Educational Psychology in Practice, 2012, 28 (3): 221-239.

40. Maria Poulou. Teacher-student relationships, social and emotional skills, and emotional and behavioral difficulties [J]. International Journal of Education Psychology, 2015, 4 (1): 84-108.

41. Mark A Lott, Chad D Jensen. Executive control mediates the association between aerobic fitness and emotion regulation in preadolescent children [J]. Journal of Pediatric Psychology, 2017, 42 (2): 162-173.

42. Martin B, C Short. Case study: Attitudes of rural high school students and teachers regarding inclusion [J]. The Rural Educator 27, 2005 (1): 1-10.

43. Martin E P, Seligman M C. Positive Psychology: An Introduction [J]. American Psychologist., 2000, 55 (1): 5-14.

44. Mildred D'souza, Johnson Jament. Providing effective support to teachers in addressing social, emotional and behavioral difficulties in mainstream classrooms in a Bangalore Pre-Primary School [J]. SfL, 2015, 30 (3): 239-251.

45. Nelson J R, Benner G J, Cheney D. An investigation of the language skills of students with emotional disturbance served in public school settings [J]. Journal of Special Education, 2005 (39): 97-105.

46. Peter Gray. The decline of play and rise of psychopathology in children and adolescents [J]. American Journal of Play, 2011, 13 (4): 443-463.

47. Poulou, Maria S. Students' emotional and behavioral difficulties: the role of

teachers' social and emotional learning and teacher-student relationships [J]. International Journal of Emotional Education, 2018, 10 (2): 146-153.

48. R R de Leeuw, J Bijstra, Jeremy Swinson, et al. Teacher strategies to support the social participation of students with SEBD in the regular classroom [J]. European Journal of Special Needs Education, 2018, 33 (3): 412-426.

49. Sandra Beyda, Sydncy S Zentall. The relationship between teacher practices and the task-appropriate and social behavior of students with behavioral disorders [J]. Behavioral Disorders, 2002, 27 (3): 236-255.

50. Schonert-Reichl, K. A.. Empathy and social relationships in adolescents with behavior disorders [J]. Behavioral Disorders, 1993, 18 (3): 189-204.

51. S H Landry, K E Smith, P R Swank. Responsive parenting: establishing early foundations for social, communication and independent problem-solving skills [J]. Developmental psychology, 2006, 42 (4): 627-642.

52. Sochukwuma Emmanuel Ezaka, Ibeabuchi Ephraim Ezaka. Impact of separation anxiety on vulnerability of children without parental care [J]. International-Journal of Psychological Studies, 2023, 15 (2): 64-70.

53. Sue Walker, Donna Berthelsen, Kym Irving. Temperament and peer acceptance in early childhood: sex and social status differences [J]. Child Study Journal, 2001, 31 (3): 177-192.

54. Susan Neuman, Gabrielle A Strouse, et al. Can Babies Learn to Read? [J]. A Randomized Trial of Baby Media. Educational Psychology, 2014, 106 (3): 815-830.

55. Timothy J Layton, Michael L Barnett, Tanner R Hicks. Attention deficit-hyperactivity disorder and month of Sschool enrollment [J]. The New England Journal of Medicine, 2018, 29, 379 (22): 2122-2130.

56. Todd I Herrenkohl, Tiffany M Jones, Charles H Lea Iii, et al. Leading with data: Using an impact-driven research consortium model for the advancement of social emotional learning in schools [J]. American Journal of Orthopsychiatry, 2020, 90 (2): 283-287.

57. Tolan Patrick H, Gorman-Smith Deborah, Henry David B. The develop-

mental ecology of urban males' youth violence [J]. Developmental Psychology, 2003, 39 (2): 274-291.

58. Victoria L Joffe, Emma Black. Social, emotional, and behavioral functioning of secondary school students with low academic and language performance: perspectives from students, teachers, and and parents [J]. Language, Speech, and Hearing Services in Schools, 2012 (43): 461-473.

59. Von Klitzing K, Dohner M, Kroll M, et al. Mental disorders in early childhood [J]. Deutsches Arzteblatt Int, 2015 (112): 375-386.

60. Walker D W, Leister C. Recognition of facial affect cues by adolescents with emotional and behavioral disorders [J]. Behavioral Disorders, 1994, 19 (4), 269-276.

61. Ya li Zhang, Sen Li , Guo liang Yu . The longitudinal relationship between boredom proneness and mobile phone addiction: evidence from a cross-lagged model [J]. Curr Psychol, 2022 (41): 8821-8828.

62. Zhang J, Lu N, Zhang J. A Review of the relationship between social, emotional and behavioral difficulties (SEBD) and the sleep disturbance [J]. Sleep Medicine, 2013, 14 (1): 314-315.

学位论文

1. Alan Charles Price. Action research in outdoor learning: promoting social and emotional learning in young people with social emotional and behavioral difficulties [D]. Birmingham: the school of education university of Birmingham, 2016: 24-29.

其他

1. Florence Ruby. Now you see us: Identifying and responding to the scale of social, emotional and mental health needs in primary school children. The Nurture Group Network Limited, 2019: 1-3.

2. Provasnik S, KewalRamani A, Coleman M M, Gilbertson L, Herring W, Xie Q. Status of education in rural America (NCES 2007—040). National Center for Education Statistics, Institute of Education Sciences, US Department of Education. Washington, DC, 2007.